Schriftenreihe aus dem Institut für Strömungsmechanik

Herausgeber
J. Fröhlich, R. Mailach, S. Odenbach

Institut für Strömungsmechanik
Technische Universität Dresden
D-01062 Dresden

Band 23

Gerd Mikolajczyk

Kombination von Röntgentomographie und Magnetresonanztomographie zur experimentellen Untersuchung von Tiefenfiltrationsprozessen

TUD*press*
2018

Die vorliegende Arbeit wurde am 4. September 2017 an der Fakultät Maschinenwesen der Technischen Universität Dresden als Dissertation eingereicht und am 18. Dezember 2017 erfolgreich verteidigt.

This work was submitted as a PhD thesis to the Faculty of Mechanical Science and Engineering of TU Dresden on 4th September 2017 and successfully defended on 18th December 2017.

Gutachter | Reviewers
1. Prof. Dr. rer. nat. habil. S. Odenbach
2. Prof. Dr.-Ing. habil. U. Hampel

Bibliografische Information der Deutschen Nationalbibliothek
Die Deutsche Nationalbibliothek verzeichnet diese Publikation in der Deutschen Nationalbibliografie; detaillierte bibliografische Daten sind im Internet über http://dnb.d-nb.de abrufbar.

Bibliographic information published by the Deutsche Nationalbibliothek
The Deutsche Nationalbibliothek lists this publication in the Deutsche Nationalbibliografie; detailed bibliographic data are available in the Internet at http://dnb.d-nb.de.

ISBN 978-3-95908-129-0

bei Thelem Universitätsverlag
und Buchhandlung GmbH & Co. KG
Bergstr. 70 | D-01069 Dresden
http://www.tudpress.de

Gesetzt vom Autor. | Typeset by the author.
Printed in Germany.

TECHNISCHE UNIVERSITÄT DRESDEN

Fakultät Maschinenwesen Professur für Magnetofluiddynamik, Mess- und Automatisierungstechnik

Kombination von Röntgentomographie und Magnetresonanztomographie zur experimentellen Untersuchung von Tiefenfiltrationsprozessen

D i s s e r t a t i o n s s c h r i f t

zur Erlangung des akademischen Grades
Doktor-Ingenieur (Dr.-Ing.)
vorgelegt der
Fakultät Maschinenwesen
der
TECHNISCHEN UNIVERSITÄT DRESDEN

von

Dipl.-Ing. Gerd L. Mikolajczyk
Geb. am 30.01.1988 in Halle (Saale)

Erster Gutachter:	Prof. Dr. rer. nat. habil. S. Odenbach
Zweiter Gutachter:	Prof. Dr.-Ing. habil. U. Hampel
Betreuender Hochschullehrer:	Prof. Dr. rer. nat. habil. S. Odenbach
Tag der Einreichung:	04.09.2017
Tag der mündlichen Prüfung:	18.12.2017

MEASURING AND AUTOMATION TECHNOLOGY
MAGNETOFLUIDDYNAMICS

Danksagung

An dieser Stelle möchte ich die Gelegenheit nutzen mich bei all jenen Menschen zu bedanken, welche mich beim Anfertigen dieser Arbeit auf die eine oder andere Weise unterstützt haben. Zunächst einmal gilt mein besonderer Dank Herrn Prof. Stefan Odenbach, welcher die Arbeit als mein Doktorvater betreut hat. Vor allem die vorhandenen Freiräume, welche es mir gestatteten auch eigene wissenschaftliche Ideen einzubringen, möchte ich hierbei betonen.

Weiterhin danke ich meinen Kollegen am Lehrstuhl für Magnetofluiddynamik, Mess- und Automatisierungstechnik für die stets kollegiale Atmosphäre, aus der auch zahlreiche Freundschaften erwachsen sind. Persönlich gilt mein Dank dabei Dr. Stefan Günther, welcher mir bei Fragen zu den Themen Röntgentomographie und Tiefenfiltration als auch bei der Anfertigung dieser Arbeit jederzeit mit Rat und Tat zur Seite stand. Außerdem möchte ich mich bei Malte Schümann, sowohl für die konstruktive Büroatmosphäre als auch für zahlreiche wertvolle Hinweise zur Anfertigung der Dissertation, bedanken.

Diese Arbeit war ein Teilprojekt der ersten Generation des Graduiertenkollegs MIMENIMA, welches an der Universität Bremen angesiedelt ist. Ich empfinde es nicht als selbstverständlich, dass die Zusammenarbeit im Graduiertenkolleg über die große Distanz und die verschiedenen Disziplinen hinweg so hervorragend funktioniert hat. Die häufigen Reisen nach Bremen waren für mich jedes Mal ein erfreulicher Anlass. Eine besonders enge Kooperation bestand hier mit der Arbeitsgruppe In-vivo-MR und dem Kollegiaten Li Huang, welche mit ihren Leistungen einen Grundstein für diese Arbeit gelegt haben. Auch allen übrigen Mitgliedern des Graduiertenkollegs bin ich für die gegenseitige, wissenschaftliche Unterstützung dankbar.

Schließlich möchte ich etwas weiter zurückgreifen und mich bei meinen Eltern bedanken, welche mich stets moralisch unterstützt und in meinen Entscheidungen bestärkt haben.

Inhaltsverzeichnis

Symbolverzeichnis

Lateinische Buchstaben

Symbol	**Einheit**	**Bedeutung**
A	m^2	Fläche
B	T	Magnetische Flussdichte
c	–	Konzentration bzw. Volumenanteil
c	–	Proportionalitätskonstante im NMR-Signal
d	m	Durchmesser
$\mathbf{d}$	1/s	Deformationsgeschwindigkeitstensor
D	m^2/s	Diffusionskoeffizient
F	N	Kraft
G	T/m	Magnetfeldgradient
h	–	Punktantwortfunktion
I	–	Bild (-matrix) (engl. *image*)
I_R	–	Intensität der Röntgenstrahlung
k	1/m	Ortsfrequenz
k_f	1/s	Ablagerungskoeffizient (engl. *forward*)
k_r	$m^3/(kg \cdot s)$	Resuspensionskoeffizient (engl. *reverse*)
K	–	Kriterium (für Volumenströme über Porenfenster)
l	m	Länge
m	kg	Masse
$\dot{m}$	kg/s	Massestrom
M	–	Fouriertransformierte des Schwächungskoeffizienten μ
n	–	Anzahl
N	–	dimensionslose Kennzahl (siehe jeweiliger Index)
p	–	Projektion (negativer natürlicher Logarithmus eines Intensitätsverhältnisses)
P	–	Fouriertransformierte einer Projektion p
Pe	–	Pecletzahl
r	m	Radius
Re	–	Reynoldszahl
S	–	(NMR-) Signal

St	–	Stokeszahl
t	s	Zeit
T	°C bzw. K	Temperatur
T_1	s	charakteristische Zeit (Spin-Gitter-Relaxation)
T_2	s	charakteristische Zeit (Spin-Spin-Relaxation)
v	m/s	Geschwindigkeit
V	m^3	Volumen
$\dot{V}$	m^3/s	Volumenstrom
x	m	Koordinate
X	–	$X = (x, y, z)$ Koordinaten eines Voxels
y	m	Koordinate
z	m	vertikale/axiale Koordinate
Z	–	Ordnungszahl (Protonenzahl) eines Elements

Griechische Buchstaben

Symbol	**Einheit**	**Bedeutung**
α	1/m	Absorptionskoeffizient (Röntgenstrahlung)
α	–	Filtereffizienz (Haftung von Partiklen)
α	–	Exponent (Filtration)
β	–	Exponent (Filtration)
γ	–	Exponent (Filtration)
γ	rad/(T s)	gyromagnetisches Verhältnis
$\dot{\gamma}$	1/s	Schergeschwindigkeit
δ	–	Exponent (Filtration)
$\delta(\ldots)$	–	Delta- oder Sprungfunktion
Δ	–	Differenz zweier Größen
ε	–	Porosität
ζ	V	Potential
η	kg/(m s)	dynamische Viskosität
η	–	Filtereffizienz (Auftreffen von Partikeln)
λ	m	Wellenlänge
Λ	m	Filterkoeffizient
μ	1/m	Schwächungskoeffizient (Röntgenstrahlung)
μ_s	1/m	Streukoeffizient (Röntgenstrahlung)
ν	m^2/s	kinematische Viskosität
ρ	kg/m^3	Dichte
ρ_{p^+}	–	Dichte von Wasserstoffkernen (Protonen p^+)

σ	–	Standardabweichung einer normalverteilten Größe
Σ	–	(dreidimensionale) Matrix aus Gitterpunkten
$\sum$	–	Summenzeichen
τ	min	Filtrationszeit
τ	Pa	Schubspannung
φ	°	Winkel, bei MRT im Besonderen: Phasenwinkel
ω	rad/s	Kreisfrequenz
ω_0	rad/s	Larmor-Kreisfrequenz

Deutsche Buchstaben

Symbol	**Einheit**	**Bedeutung**
$\mathcal{F}$	–	Operator der Fouriertransformation
$\mathcal{R}$	–	Operator der Radontransformation

Indizes

Index	**Bedeutung**
∞	Anströmzustand
0	Anfang
aus	Austritt
bin	binär
D	Diffusion
dil	dilatiert
ein	Eintritt
enc	kodiert (engl. *encoded*)
f	(charakteristische Abmessung des) Filter(s)
g	Korn (engl. *grain*)
gen	generiert
H	hydrodynamisch
i	Laufindex (in Bezug auf Poren)
I	Einfangen (engl. *Interception*)
l	in Flüssigkeit (engl. *liquid*) suspendiert
lab	gelabelt
m	Betrag (engl. *magnitude*) einer Größe
max	Maximalwert
med	median (-gefiltert)

min	Minimalwert
p	Partikel
p^+	Proton
ph	Phasenkodierung
$pore$	Pore
$pyrol$	Pyrolyse
res	resultierend
S	Sedimentation
T	Trägheit
v	auf Geschwindigkeit bezogen
V	auf Volumen bezogen
win	Fenster bzw. Porenverbindung (engl. *window*)
ws	Wasserscheide (engl. *watershed*)
x	die x-Komponente einer physikalischen Größe betreffend
y	die y-Komponente einer physikalischen Größe betreffend
z	die z-Komponente einer physikalischen Größe betreffend

Konstanten

Symbol	**Wert/Einheit**	**Bedeutung**
e	2,72	Eulersche Zahl
g	9,81 m/s^2	Fallbeschleunigung (Deutschland)
k	1,38 $\cdot 10^{-23}$ J/K	Boltzmann-Konstante
π	3,14	Kreiszahl

Abkürzungsverzeichnis

2D/3D zwei-/drei**d**imensional

CFT klassische Filtrationstheorie (engl. ***c***_lassical colloid_ ***f***_iltration_ ***t***_heory_)

DGL **D**ifferential**gl**eichung

EDT **E**uklidische **D**istanz**t**ransformierte

HF **H**och**f**requenz (-bereich)

LUT Farbzuordnungstabelle (engl. ***l***_ook_***u***_p_ ***t***_able_)

MRT **M**agnet**r**esonanz**t**omographie

NMR Kernspinresonanz (engl. ***n***_uclear_ ***m***_agnetic_ ***r***_esonance_)

PC-MRT Phasenkontrast-MRT (engl. ***p***_hase_ ***c***_ontrast_)

PTFE **P**oly**t**etra**f**luor**e**thylen

REM **R**aster**e**lektronen**m**ikroskop

SNR Signal-Rausch-Verhältnis (engl. ***s***_ignal-to-_***n***_oise-_***r***_atio)_

UV **u**ltra**v**iolett

μCT Computertomographie (engl. ***micro-c***_omputed X-ray_ ***t***_omography_)

1 Einleitung

Die Mechanismen von Transport und Rückhaltung kolloidal[1] suspendierter Partikel spielen in vielen natürlichen sowie technischen Prozessen eine entscheidende Rolle. Beispiele hierfür sind unter anderem die Klärung von Abwasser [114] [16] [24] [113] [4], die Trink- und Prozesswasserversorgung [72], der Transport von Schadstoffen in Gesteinen/Böden [78] [61] [77] [101] oder die Gewinnung von Erdöl [26] [81]. Die Größe der üblicherweise in Flüssigkeiten suspendierten Partikel ist dabei meist deutlich kleiner als charakteristische Abmessungen der porösen Medien bzw. Filter. Somit sind die Partikel in der Lage durch das poröse Medium transportiert zu werden und sich unter dem Einfluss bestimmter Wirkmechanismen an dessen innerer Oberfläche abzulagern. Im technischen/industriellen Kontext wird dieser Prozess auch als *Tiefenfiltration* bezeichnet.

Die *Wirkmechanismen* werden in zwei Gruppen eingeteilt: Antransport- und Ablagerungsmechanismen [50] [78]. Unter Antransport versteht man die gerichtete Bewegung eines Partikels hin zur Filteroberfläche. Mechanismen, welche hierfür verantwortlich sein können, sind u.a. Sedimentation, Trägheit oder Diffusion. Befindet sich ein Partikel in der Nähe der Filteroberfläche, besteht eine gewisse Wahrscheinlichkeit, dass sich das Partikel ablagert bzw. immobilisiert wird. Ursachen hierfür sind bspw. elektrostatische Anziehung [29] [107], wirkende Van-der-Waals-Kräfte [29] [107] oder ein Formschluss [56] an der Filteroberfläche.

Obwohl diese Wirkmechanismen theoretisch bekannt sind und zum Teil ausgiebig untersucht wurden, lässt sich auch heutzutage mit bestimmten Eingangsparametern (Fluidgeschwindigkeit, Partikelkonzentration im Fluid, etc.) für eine gegebene Filterstruktur kaum vorhersagen wie sich bestimmte Prozessgrößen entwickeln. Solche Prozessgrößen sind bspw. die Beladungsmenge des Filters mit Partikeln und die daraus resultierende Zunahme des Druckverlusts über dem Filter. Stattdessen muss eine bestimmte Filterstruktur empirisch untersucht werden um Erkenntnisse über diese Größen zu gewinnen. Langfristiges Ziel der Untersuchungen von Tiefenfiltrationsprozessen ist es also, allgemeingültige Zusammenhänge zwischen Prozessgrößen und Eingangsparametern herzustellen oder aus solchen Zusammenhängen Designregeln für Filtergeometrien zielgerichtet abzuleiten, welche bspw. hinsichtlich einer im Filter homogen verteilten Partikelbeladung optimiert sind. Der Bedarf hierfür entsteht aus der eingangs erwähnten Relevanz der Tiefenfiltration in vielen na-

[1] Bei einer Partikelgröße im Bereich 1 nm...1 µm spricht man von kolloidalen Partikeln (vgl. [61]).

türlichen und industriellen Prozessen.
Die vorhandene Lücke zwischen der Kenntnis der Wirkmechanismen und der Möglichkeit, Aussagen über Prozessgrößen treffen zu können, ist auf die Komplexität des Prozesses zurück zu führen. Dieser hängt nach [38] von ca. 20 Größen ab, wie z.B. der Fluidgeschwindigkeit, dem Partikeldurchmesser oder charakteristischen Größen des Filters. Dieser große Parameterraum stellt die Herausforderung bei der Untersuchung des Tiefenfiltrationsprozesses dar.
Die experimentelle Bestimmung von Parametern zur Prozessbeschreibung erfolgte in der Vergangenheit aufgrund der Ermangelung an Methoden zur Strukturaufklärung vor allem global und ohne zwischen den Einflüssen einzelner Prozessgrößen zu differenzieren. Eine typische Vorgehensweise ist die Aufnahme von Durchbruchkurven [54] [60] [115] [25]. Hierbei wird untersucht, wie sich die Partikelkonzentration im Filtrat – also am Austritt des Filters – verändert, wenn Parameter des Prozesses variiert werden.
Vor allem im letzten Jahrzehnt hat sich jedoch die *Röntgenmikrotomographie* (μCT) als Messmethode der Wahl etabliert [6] [66] [36] [71] [41]. Auf der einen Seite ist die μCT in der Lage, Objekte mit einer hohen räumlichen Auflösung im Mikrometerbereich dreidimensional abzubilden. Auf der anderen Seite können opake Objekte untersucht werden, bei welchen optische Methoden nicht oder nur eingeschränkt (vergleiche [7] [113] [56]) angewendet werden können. Jeweils unterschiedliche Absorptionskoeffizienten der verschiedenen Materialien resultieren dabei in dreidimensionalen Grauwertbildern, welche mit Hilfe der digitalen Bildverarbeitung ausgewertet werden können. In Bezug auf den Tiefenfiltrationsprozess bedeutet dies, dass sowohl topologische Informationen des Filters, wie z.B. Porosität, Korn-/Porengröße, Größe der Porenverbindungen, etc., als auch die Partikelablagerungen *räumlich aufgelöst* abgebildet werden können. Im Gegensatz zur Methode der Aufnahme von Durchbruchkurven, bei welcher lediglich festgestellt werden kann, ob und in welcher Menge die Partikelbeladung im gesamten Filter zunimmt, erlaubt die μCT Aussagen über den genauen Ort im Filter an dem Partikel zurückgehalten werden. Die räumliche Information der Partikelablagerungen kann wiederum mit der räumlichen Information verschiedenster Einflussparameter korreliert werden. Im Idealfall können allgemeingültige Zusammenhänge zwischen den Einflussparametern und der Partikelablagerung gewonnen werden.
Neben der Filtertopologie wird die Ablagerung von Partikeln vor allem von der Strömung bzw. dem Geschwindigkeitsfeld im Filter beeinflusst [76] [14] [65]. Wird die Geschwindigkeit in einer gegebenen Struktur erhöht, so erhöhen sich auch die Geschwindigkeitsgradienten und damit einhergehend die Schubspannungen, welche wiederum ein Ablagern der Partikel erschweren und somit eine geringere Filtrati-

onseffizienz bewirken [114]. Bedrikovetsky et al. [9] zeigen, dass der maximale Anteil zurückgehaltener Partikel mit steigender Strömungsgeschwindigkeit sinkt. Mittels µCT kann die für den Prozess entscheidende Größe der Geschwindigkeit nicht messtechnisch erfasst werden. Um den Zugang zu diesen Informationen zu erhalten, werden im Rahmen dieser Arbeit Messungen mit *Magnetresonanztomographie* (MRT) durchgeführt. Dieses Verfahren stellt Methoden quantitativer Geschwindigkeitsmessungen zur Verfügung [32] [39]. Die räumliche Auflösung der MRT ist jedoch derjenigen der µCT deutlich unterlegen, sodass die Motivation besteht beide Messverfahren miteinander zu kombinieren. Die µCT bildet also mit hoher räumlicher Auflösung sowohl den Filter selbst als auch die Partikelablagerungen im Filter ab, während mit der MRT das dazugehörige Geschwindigkeitsfeld des Trägermediums gemessen werden kann. Die Korrelation von Partikelablagerungen und Strömungsgeschwindigkeit wurde bereits in magnetresonanztomographischen Untersuchungen an anderen Filtrationsprozessen durchgeführt [31] oder [19]. Von Bray et al. [15] wurden µCT und MRT zur Untersuchung von Ausfällungsreaktionen verwendet. Tiefenfiltrationsprozesse jedoch wurden nach bestem Wissen noch nicht mit einem kombinierten Verfahren aus µCT und MRT untersucht. Die *Kombination* dieser beiden Messverfahren zur Untersuchung des Tiefenfiltrationsprozesses stellt die Kernaufgabe und das Novum dieser Arbeit dar. Das konkrete Ziel besteht darin die Wechselwirkungen zwischen dem Geschwindigkeitsfeld im Filter und den Abscheidemechanismen der Partikel zu verstehen und zu beschreiben.

In den meisten Untersuchungen von Tiefenfiltrationsprozessen wurden Schüttungen als poröse Filtermedien betrachtet. Dabei handelte es sich überwiegend um Glaskugelschüttungen [66] [67] [115] [22] [110], da diese ein einfaches und definiertes Modellsystem darstellen. Näher an realen Prozessen sind Schüttungen aus asphärischen Sandkörnern, welche ebenfalls untersucht wurden [54] [6] [66] [67] [113]. Monolithische Filter, welche bspw. in Form von Schwämmen oder Schäumen Verwendung finden (vergleiche [92], Kapitel 7), wurden hingegen bisher kaum untersucht [17]. Um die Partikelablagerung in solchen monolithischen Filtern zu studieren, wurden im Rahmen dieser Arbeit monolithische, offenporige, keramische Modellfilter verwendet. Die Motivation für diese Wahl besteht vor allem darin, dass die Form der Filter, im Gegensatz zu einer Schüttung, nicht ohne Weiteres verändert werden kann, was wiederum bei der Untersuchung des Prozesses in zwei verschiedenen Geräten, µCT- und MRT-Scanner, von Vorteil ist. Die Phase des Festmaterials der Filter bildet den Hohlraum einer Kugelschüttung ab. Mit anderen Worten können die untersuchten Modellfilter als inverse Kugelschüttungen betrachtet werden. Zu klärende Fragen sind bspw. der Einfluss der Porengröße der Filter auf die Partikelablagerung und die Position der Partikelablagerungen je Pore.

Diese Arbeit baut auf zwei vorausgegangenen Dissertationen auf, welche sich mit der experimentellen Untersuchung von Tiefenfiltrationsprozessen an Modellfiltern in Form von Glaskugelschüttungen beschäftigten. Die röntgentomographischen Abbildungen der Modellfilter wurden dabei zunächst mittels Synchrotronstrahlung (Anja Waske [109] [110]) und anschließend mit einer Röntgenröhre einer Laboranlage (Stefan Günther [40] [41]) erstellt. Da der Tiefenfiltrationsprozess von zahlreichen Größen abhängt, sind für experimentelle Untersuchungen umfangreiche Parameterstudien erforderlich. Die verfügbare Messzeit an Synchrotron-Einrichtungen ist jedoch limitiert, so dass Parameterstudien wiederum nur unter Laborbedingungen praktikabel sind.

Die hier vorgestellte Arbeit ist im Rahmen des Graduiertenkollegs MIMENIMA (GRK 1860, Mikro-, meso- und makroporöse, nichtmetallische Materialien: Grundlagen und Anwendungen) entstanden, welches an der Universität Bremen angesiedelt ist. Eine besonders enge Zusammenarbeit bestand mit der Arbeitsgruppe In-vivo MR, Fachbereich 02 (Biologie/Chemie), Universität Bremen. Die Umsetzung einer quantitativen Geschwindigkeitsmessung mittels MRT erforderte die Anpassung vorhandener Methoden und wurde von dem Kollegiaten Li Huang eigens zur Untersuchung der Strömung von Flüssigkeiten in porösen Medien erarbeitet [46]. Die verwendeten monolithischen, keramischen Modellfilter wurden von der Advanced Ceramics Group, Fachbereich 04 (Fertigungstechnik – Maschinenbau und Verfahrenstechnik), Universität Bremen, produziert und zur Verfügung gestellt.

Aus dem gewählten experimentellen Ansatz zur Untersuchung des Tiefenfiltrationsprozesses ergibt sich für diese Arbeit die folgende Gliederung. Zunächst werden in Kapitel 2 die Grundlagen des Tiefenfiltrationsprozesses beschrieben. Thematisiert werden dabei analytische Modelle sowie ein Überblick über experimentelle Untersuchungen. Weiterhin werden die Grundlagen der beiden Messmethoden – µCT und MRT – vorgestellt.

Im folgenden Kapitel werden die verwendeten experimentellen Aufbauten sowie der Ablauf der Messungen beschrieben.

Da die Ergebnisse der Messmethoden dreidimensionale Bilder sind, werden in Kapitel 4 zunächst die verwendeten digitalen Bildverarbeitungsmethoden vorgestellt. In Kapitel 5 werden diese Methoden zur Analyse des Tiefenfiltrationsprozesses angewendet. Das Kapitel ist dabei in drei Abschnitte unterteilt. Zuerst werden Ergebnisse diskutiert, welche allein auf Basis der µCT gewonnen wurden. Anschließend wird die quantitative Geschwindigkeitsmessmethode mittels MRT evaluiert. Im dritten Abschnitt werden Schlussfolgerungen gezogen, welche nur durch die kombinierte Anwendung von µCT und MRT möglich sind.

Abschließend werden die Arbeit und deren wesentliche Erkenntnisse zusammengefasst. Für weiterführende experimentelle Untersuchungen von Tiefenfiltrationsprozessen werden zudem Empfehlungen formuliert.

2 Grundlagen

In diesem Kapitel soll zunächst ein Überblick über analytische Methoden zur Beschreibung von Tiefenfiltrationsprozessen gegeben werden. Aus den Grenzen der analytischen Herangehensweise motiviert sich im Weiteren die Notwendigkeit experimenteller Untersuchungen zur Bestimmung empirischer Kenngrößen. Hierzu wird der wesentliche Stand der Forschung vorgestellt. Aus diesem leitet sich ab, dass die µCT die bevorzugte Methode zur experimentellen Untersuchung des Tiefenfiltrationsprozesses ist. Außerdem wird im Rahmen dieser Arbeit die Messung des Geschwindigkeitsfeldes mittels MRT durchgeführt. Die Grundlagen beider Messmethoden - µCT und MRT - werden ebenfalls in diesem Kapitel erläutert.

2.1 Tiefenfiltration

Der Prozess der Tiefenfiltration ist ein Teilgebiet der mechanischen Verfahrenstechnik. Nach [100] sind Filtrationsprozesse der übergeordneten Prozessgruppe *Trennen* und dort im Speziellen der *Fest-Flüssig-Trennung* zuzuordnen. Die Tiefenfiltration ist dabei wiederum nur eine von mehreren möglichen Filtrationsarten. Neben dieser existieren nach [103] außerdem die Oberflächen- (auch Kuchen-) sowie die Querstromfiltration (s. Abb. 2.1).

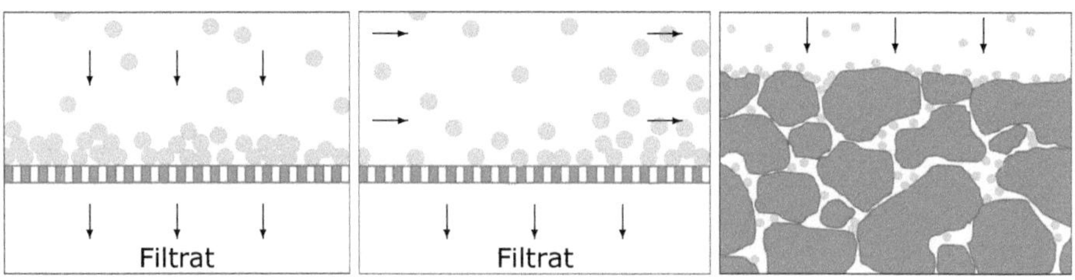

Abb. 2.1: Schemata verschiedener Filtrationsprozesse. *Links*: Oberflächenfiltration. *Mitte*: Querstromfiltration. *Rechts*: Tiefenfiltration.

Zur Abgrenzung der Filtrationsprozesse untereinander kann das Verhältnis von Partikeldurchmesser d_p zu Porendurchmesser des Filters d_{pore} verwendet werden. Im Fall der *Oberflächenfiltration* ist die Porenweite gleich groß oder kleiner als der Partikeldurchmesser ($d_p/d_{pore} \geq 1$), sodass sich mit zunehmender Filtrationsdauer eine

Feststoffschicht, der sogenannte Filterkuchen, auf dem Filter bildet. Der Rückhaltemechanismus ist demnach ein Formschluss von Partikel und Filter.
Dies gilt im Wesentlichen auch im Fall der *Querstromfiltration*. Allerdings wird hier die Kuchenbildung mit einer senkrecht zur Transportrichtung verlaufenden Strömung und den dadurch wirkenden Scherkräften unterdrückt.
Bei der *Tiefenfiltration* ist der Partikeldurchmesser deutlich kleiner als der Porendurchmesser des Filters ($d_p/d_{pore} \ll 1$). Die Partikel können somit in den Filter eindringen und sich dort an der inneren Oberfläche des Filters ablagern. Da im Vergleich zur Oberflächenfiltration somit wesentlich mehr Fläche für eine Partikelablagerung zur Verfügung steht, können folglich mehr Partikel zurückgehalten werden, ehe eine maximal zulässige Druckerhöhung erreicht wird. Besonders die Rückhaltung von kleinen Partikeln ist hierbei günstiger, da bei der Oberflächenfiltration dafür kleine Maschenweiten nötig sind. Im Gegensatz zur Oberflächenfiltration ist die Partikelrückhaltung bei der Tiefenfiltration nicht deterministisch. Mit steigender Filtertiefe wird das Filtrat jedoch zunehmend geklärt.
Die Tiefenfiltration kommt nach [72] vor allem dann zum Einsatz, wenn große Volumenströme mit geringer Partikelbeladung filtriert werden sollen, die Feststoffe scherempfindlich sind oder keinen permeablen Filterkuchen ausbilden können, oder wenn eine Suspension bei nachgeschalteter Oberflächenfiltration vorgefiltert werden soll.
Die bei der Tiefenfiltration wirkenden Mechanismen sind deutlich komplexer als der reine Formschluss, wie er bei der Oberflächenfiltration auftritt. Ein analytischer Ansatz zur Beschreibung der Mechanismen wird im folgenden Kapitel näher erläutert.
Die Filterstruktur kann sowohl eine Schüttung (wie in Abb. 2.1 dargestellt) als auch ein monolithisches, poröses Medium sein. Im Fall einer Schüttung wird üblicherweise der Korndurchmesser d_g (engl. *grain*) als charakteristische Größe verwendet, beim Monolith hingegen der Porendurchmesser d_{pore}. In den folgenden Gleichungen wird zumeist die charakteristische Größe des Filters d_f verwendet, welche je nach Filterart dem Korndurchmesser d_g oder dem Porendurchmesser d_{pore} entspricht.

2.1.1 Mikroskopische Modelle

Bei der mikroskopischen Betrachtungsweise der Tiefenfiltration werden zunächst die einzelnen physikalischen Wirkmechanismen getrennt voneinander betrachtet, um differenziert deren Einfluss auf den Filtrationsprozess zu beschreiben.
Dabei wird grundsätzlich zwischen Antransport, also Mechanismen, die zur Partikelannäherung an den Filter führen, und Anlagerung, also Mechanismen, die den Partikel am Filter immobilisieren, unterschieden. Außerdem ist die Resuspendie-

rung (engl. *reentrainment*) angelagerter Partikel zu berücksichtigen. Bei der Beschreibung des Tiefenfiltrationsprozesses nach Ives [50] wird für jeden einzelnen Mechanismus zunächst eine dimensionslose Kennzahl auf Grundlage bekannter Filtrationsparameter ermittelt. Diese Kennzahlen werden zur Beschreibung des Gesamtprozesses anschließend in Form einer Effizienz des Filtrationsprozesses zusammengefasst.

Antransportmechanismen

Unter einem Antransportmechanismus versteht man die Ursache für eine gerichtete Partikelbewegung hin zur Filteroberfläche. Weitestgehend werden hier sechs verschiedene Mechanismen unterschieden, die in Abb. 2.2 schematisch dargestellt sind.

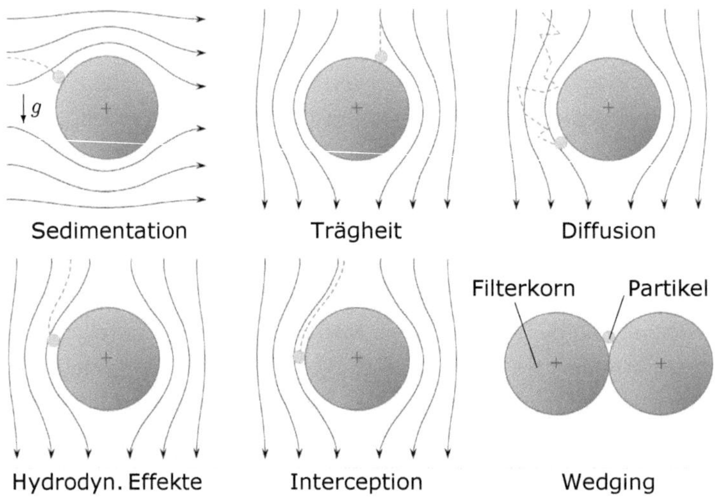

Abb. 2.2: Schematisch an einzelnen Filterkörnern dargestellte Antransportmechanismen nach [50].

Sedimentation

Bei der Sedimentation werden Partikel aufgrund der Schwerkraft an die Filteroberfläche transportiert. Diesen Mechanismus beschreibt die Sedimentationskonstante.

$$N_S = \frac{g\,(\rho_p - \rho)\,d_p^2}{18\,\eta\,\bar{v}}\,, \tag{2.1}$$

wobei g die Fallbeschleunigung, ρ_p die Partikeldichte, ρ die Fluiddichte, d_p den Partikeldurchmesser und η die dynamische Viskosität des Fluids ist. Um den Einfluss der

Gravitation zu quantifizieren, wird die Sedimentationsgeschwindigkeit eines Partikels mit der mittleren Fluidgeschwindigkeit[2] im Filter

$$\text{mit } \bar{v} = \frac{v_\infty}{\varepsilon}, \tag{2.2}$$

ins Verhältnis gesetzt, wobei v_∞ die Anströmgeschwindigkeit vor dem Filter und ε die Porosität darstellen. Bei der Filtration von Wasser gilt üblicherweise $N_S \ll 1$. Da die Strömung in Wandnähe (Filteroberfläche) aufgrund der Haftbedingung jedoch verlangsamt ist, kann der Gravitationseinfluss hier nicht vernachlässigt werden.

Trägheit

Bei der Umströmung eines Filterkorns und der damit verbundenen Änderung der Strömungsrichtung kann sich ein Partikel aufgrund seiner Trägheit auf den Filter zu bewegen. Der Einfluss der Trägheit der Partikel als Antransportmechanismus an die Filteroberfläche wird durch die Stokeszahl St

$$St = N_T = \frac{\rho_p \, {d_p}^2 \, v_\infty}{18 \, \eta \, d_f} \tag{2.3}$$

charakterisiert. Nach [50] kann der Mechanismus der Trägheit bei Flüssigkeitsfiltrationen jedoch vernachlässigt werden ($N_T = 2 \cdot 10^{-9} \ldots 1{,}5 \cdot 10^{-3}$).

Diffusion

Diffusion als Transportmechanismus von Partikeln kann zweierlei Ursachen haben. Zum einen Brown'sche Bewegung und zum anderen Konzentrationsunterschiede in der Suspension. Nach [50] und [72] ist der letztgenannte Grund in Tiefenfiltrationsprozessen als vernachlässigbar einzustufen.

Der Einfluss der Diffusion erhöht sich mit steigender Temperatur und sinkendem Partikeldurchmesser. Nach [50] schränken Trägheit und Sedimentation den Einfluss der Diffusion bei Partikeldurchmessern $d_p > 1\,\mu$m ein, sodass Diffusion erst bei kleineren Partikeldurchmessern relevant wird.

Eine dimensionslose Kennzahl zur Ermittlung der Relevanz der Diffusion als Transportmechanismus kann direkt aus der Stokes-Einstein'schen Gleichung für den Diffusionskoeffizienten D entnommen werden

$$D = \frac{k \, T}{3 \, \pi \eta \, d_p}, \tag{2.4}$$

wobei die thermische Energie $k \cdot T$, mit der Boltzmann-Konstante k und der absoluten Temperatur T, mit dem Reibungswiderstand der Strömung ins Verhältnis gesetzt

[2] In [72], S. 246, wird hier abweichend die Anströmgeschwindigkeit v_∞ verwendet.

wird. Dividiert man den Diffusionskoeffizienten nach Gleichung (2.4) mit einer charakteristischen Länge – im Fall von Schwämmen ist dies bspw. der Porendurchmesser d_{pore} – so erhält man die mittlere Diffusionsgeschwindigkeit. Normiert man diese mittlere Diffusionsgeschwindigkeit weiterhin mit der mittleren Strömungsgeschwindigkeit des Fluids, erhält man eine dimensionslose Kennzahl, welche die Relevanz der Diffusion kennzeichnet. Diese Kennzahl ist das Reziprok der Pecletzahl Pe, welche das Verhältnis von konvektivem Transport zu Stofftransport durch Diffusion beschreibt.

$$N_D = \frac{D}{d_{pore}\,\bar{v}} = \frac{1}{Pe} \,. \tag{2.5}$$

Nach [50] bewegt sich der Wertebereich der reziproken Pecletzahl bei der Filtration aus Wasser zwischen $N_D = 10^{-8} \ldots 0{,}5 \cdot 10^{-5}$.

Hydrodynamische Effekte

Befindet sich ein Partikel in Wandnähe, so wirkt eine Druckkraft auf das Partikel, welche aufgrund des in Wandnähe herrschenden Geschwindigkeitsgradienten und der volumetrischen Ausdehnung des Partikels entsteht. Die Druckkraft ist dabei in Richtung der Strömungsmitte gerichtet, wo höhere Geschwindigkeiten und somit niedrigere statische Drücke vorherrschen. Der hydrodynamische Effekt behindert demnach eher den Antransport der Partikel.

Die Reynoldszahl als Verhältnis von Trägheits- zu Zähigkeitskräften ist nach [50] aufgrund der komplexen Strömung im Filter zwar ungenügend, wird aber dennoch zur Abschätzung verwendet. Da ein Transport von Partikeln zur Filteroberfläche durch einen sinkenden hydrodynamischen Effekt begünstigt wird, verwendet man als dimensionslose Größe das Reziprok der Reynoldszahl.

$$N_H = \frac{1}{Re} = \frac{\eta}{\bar{v}\, d_f\, \rho} \tag{2.6}$$

Interception

Interception bezeichnet das Einfangen von Partikeln, welche sich auf Trajektorien bewegen, deren Abstand zur Filteroberfläche in Filternähe kleiner oder gleich dem Partikelradius ist. Aufgrund der Oberflächenrauheit kommt es deshalb zum Kontakt. Als dimensionslose Kennzahl für diesen Antransportmechanismus wird von [50] das Verhältnis von Partikel- zu Korndurchmesser angegeben

$$N_I = \frac{d_p}{d_f} \,. \tag{2.7}$$

Als obere Abgrenzung kann der Fall $N_I \geq 1$ betrachtet werden, bei welchem unweigerlich Straining eintritt (s. u.). Bei der Wasserfiltration werden üblicherweise Werte von $2 \cdot 10^{-4} \ldots 0{,}1$ erreicht.

Straining/Wedging

Straining bezeichnet allgemein einen *formschlüssigen* Partikel-Filter-Kontakt aufgrund dessen das Partikel immobilisiert wird, bspw. wenn der Partikeldurchmesser d_p den Porendurchmesser d_{pore} überschreitet.

In der Literatur herrscht weitestgehend Uneinigkeit darüber, inwiefern Straining in die übergeordneten Mechanismen von Antransport und Anlagerung einzuordnen ist. Obwohl von [50] als Antransportmechanismus gekennzeichnet, beschreibt Straining vielmehr einen Filtermechanismus. So ordnen [78] den Mechanismus des Straining daher zwischen Oberflächen- und Tiefenfiltration ein. Bei bestimmten Partikel-Porengrößen-Verhältnissen können die Partikel noch in die offene Porosität des Filters eindringen, bleiben dann jedoch bspw. in Porenengpässen hängen.

Johnson et al. [56] schlagen zudem eine Unterscheidung verschiedener Strainingmechanismen vor. Bleiben Partikel in zu kleinen Porenengpässen hängen, so spricht man von Straining im eigentlichen Sinne. Das Abscheiden von Partikeln an Zwickeln zwischen zwei Filterkörnern (engl. *grain to grain contacts*), wird von [56] hingegen als *Wedging* bezeichnet. Die Notwendigkeit einer Unterscheidung wird damit begründet, dass beide Prozesse unterschiedliche Abhängigkeiten von Partikelgröße, Anströmgeschwindigkeit und Tiefe des sekundären Energieminimums (siehe Abschnitt Anlagerungsmechanismen) aufweisen. Straining kann demnach als deterministischer, Wedging als probabilistischer Prozess betrachtet werden.

Johnson et al. [55] zeigen, dass Wedging ab einem Verhältnis von $d_p/d_{pore} \approx 0{,}005$ relevant wird. Straining hingegen wird von Bradford et al. [13] vor allem bei vorhandener Energiebarriere (siehe Abschnitt Anlagerungsmechanismen) als wesentlicher Rückhaltemechanismus beschrieben.

Kombination der Antransportmechanismen

Kombiniert man die vorgenannten Mechanismen, ohne Berücksichtigung von Straining und unter Vernachlässigung der Trägheit, kann man einen groben Überblick über die funktionelle Abhängigkeit der Filtereffizienz von den einzelnen Parametern erhalten. In [50] wird hierfür ein Filterkoeffizient Λ definiert, welcher sich aus den oben genannten dimensionslosen Kennzahlen zusammensetzt und als Effizienz eines Tiefenfiltrationsprozesses zu verstehen ist. Aus Untersuchungen zu den einzelnen Wirkmechanismen geht hervor, dass der Filterkoeffizient Λ positiv mit den Kennzahlen N_I, N_D, N_S und N_H korreliert. Zur Zusammenfassung der Kennzahlen wird ein Produktansatz verwendet.

$$\Lambda = \text{const.} \cdot \underbrace{\left(\frac{d_p}{d_f}\right)^{\alpha}}_{\text{Intercep.}} \cdot \underbrace{\left(\frac{k\,T}{3\,\pi\,\eta\,d_p\,\bar{v}\,d_f}\right)^{\beta}}_{\text{Diffusion}} \cdot \underbrace{\left(\frac{g\,(\rho_p-\rho)\,{d_p}^2}{18\,\eta\,\bar{v}}\right)^{\gamma}}_{\text{Sedimentation}} \cdot \underbrace{\left(\frac{\eta}{\bar{v}\,d_f\,\rho}\right)^{\delta}}_{\text{Hydrodyn.}} \tag{2.8}$$

$$\Lambda = \text{const.} \cdot \frac{{d_p}^{\alpha-\beta+2\gamma}}{\eta^{\beta+\gamma-\delta} \cdot {d_f}^{\alpha+\beta+\delta} \cdot \bar{v}^{\beta+\gamma+\delta}} \cdot (k\,T)^{\beta} \cdot \frac{(\rho_p-\rho)^{\gamma}}{\rho^{\delta}} \tag{2.9}$$

Die unbekannten jeweiligen Exponenten α, β, γ und δ der Kennzahlen müssen empirisch ermittelt werden. Nach der Umsortierung zeigt sich, dass ein großer Partikeldurchmesser d_p, bei ansonsten konstanten Parametern, die Filtereffizienz begünstigt, sofern der Exponent des Partikeldurchmessers positiv ist, was für $\alpha + 2\gamma > \beta$ gilt. Für kleine Partikeldurchmesser steigt wiederum der Einfluss der Diffusion. Aus dieser Tatsache resultiert ein Minimum für die Filtereffizienz Λ in Abhängigkeit vom Partikeldurchmesser d_p (s. Abb. 2.3 oder u. a. [114] [72]). Hohe Geschwindigkeiten $\bar{v}$ und große Filterabmessungen d_f (bspw. Porendurchmesser) wirken sich außerdem ungünstig auf die Filtereffizienz Λ aus.

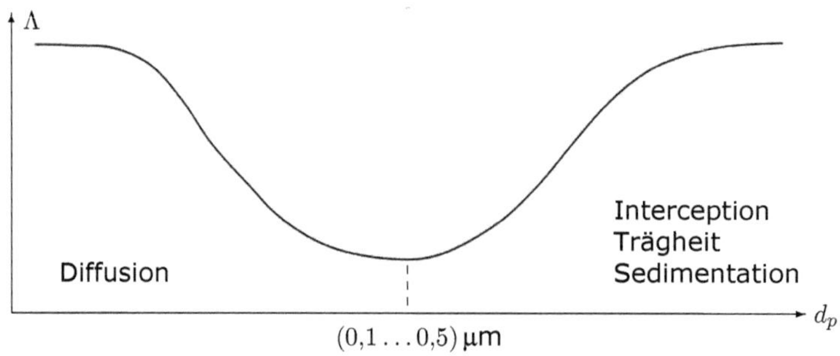

Abb. 2.3: Qualitative Abhängigkeit der Filtereffizienz vom Partikeldurchmesser mit Wirkbereich der Antransportmechanismen nach [72].

Anlagerungsmechanismen

Die Anlagerungsmechanismen greifen, nachdem die Partikel von den oben beschriebenen Transportmechanismen in Wandnähe gebracht wurden und sorgen für eine Immobilisierung der Partikel. Die hierfür ursächlichen Mechanismen, nämlich die elektrostatische Wechselwirkung sowie Van-der-Waals-Kräfte, werden in der DLVO-Theorie, benannt nach **D**erjaguin und **L**andau [29] sowie **V**erwey und **O**verbeek [107], beschrieben. Aufgrund ihrer Natur kann die elektrostatische Kraft sowohl anziehend als auch abstoßend sein, während Van-der-Waals-Kräfte stets anziehender Natur sind [44].

Die *elektrostatische Anziehung* bzw. *Abstoßung* zwischen Partikel und Filtermedium

ist auf die Existenz von Oberflächenpotentialen zurückzuführen, welche u. a. aus Ionenadsorption und Oberflächengruppenionisierungen resultieren [98]. Der Betrag des Oberflächenpotentials kann mit dem ζ-Potential quantifiziert werden. Das elektrostatische Potential nimmt exponentiell mit dem Abstand δ zwischen Partikel und Filtermedium ab (siehe [56]).
Neben der elektrostatischen Wechselwirkung können anziehende Kräfte auch aufgrund von *Van-der-Waals-Kräften*, also Dipol-Dipolwechselwirkungen zwischen Atomen und Molekülen, zustande kommen.
Aus der Superposition beider Potentiale ergibt sich das resultierende Interaktionspotential. Negative Werte des resultierenden Interaktionspotentials stehen dabei für förderliche Anlagerungsbedingungen, positive Werte kennzeichnen das Vorhandensein einer Energiebarriere. Im Folgenden ist eine Fallunterscheidung vorzunehmen: sind beide Wechselwirkungen anziehender Natur, herrschen insgesamt förderliche Anlagerungsbedingungen (s. Abb. 2.4, *links*), ist die elektrostatische Wechselwirkung abstoßender Natur herrschen ungünstige Bedingungen vor (s. Abb. 2.4, *rechts*), bei denen jedoch in Abhängigkeit vom Abstand δ und der Ionenkonzentration zwei Energieminima existieren können.

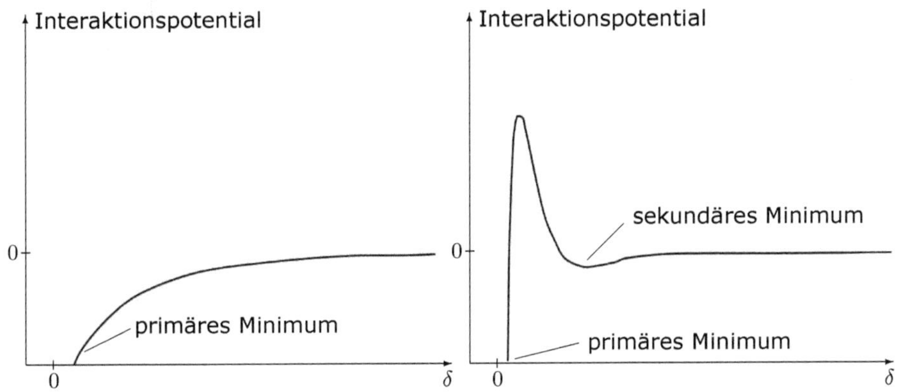

Abb. 2.4: Qualitativer Verlauf des resultierenden Interaktionspotentials im Fall günstiger (*links*) sowie ungünstiger Anlagerungsbedingungen (*rechts*) nach [105].

Das primäre Energieminimum ($\delta \to 0$) entsteht aufgrund der in Oberflächennähe dominierenden, anziehenden Van-der-Waals-Kräfte. Das sekundäre Energieminimum entsteht durch die Superposition beider Interaktionspotentiale (siehe [78]). Befindet sich ein Partikel im Bereich des zweiten Energieminimums, wirkt eine Kraft in

Richtung Filtermedium. Dadurch nähert sich der Partikel der Filteroberfläche an, bis das Interaktionspotential positiv wird und die Triebkraft verschwindet. Kann diese Energiebarriere überwunden werden, bspw. aufgrund von hydrodynamischen Effekten oder Partikelkollisionen, erfolgt trotz ungünstiger Bedingungen eine Anlagerung des Partikels.
Das in diesem Abschnitt betrachtete analytische Modell ermöglicht eine Differenzierung zwischen den einzelnen Wirkmechanismen, welche im realen Fall gleichzeitig wirken können. Durch die Kombination der Mechanismen kann bereits eine Aussage über eine positive oder negative Korrelation zwischen Filtereffizienz und einzelnen Filtrationsparametern getroffen werden. Ein Beispiel hierfür ist die Porengröße des Filters, welche negativ mit der Filtereffizienz korreliert. Dies wurde auch im Rahmen dieser Arbeit untersucht und bestätigt.

2.1.2 Makroskopische Modelle

Neben dem im vorangegangenen Abschnitt erläuterten analytischen Modell existiert eine weitere physikalisch begründete Betrachtungsweise des Tiefenfiltrationsprozesses. Dabei werden alle Vorgänge, welche zu zeitlichen und örtlichen Änderung des Volumenanteils an Partikeln in der Suspension c_l führen, in einer Gleichung zusammengefasst. Die Partikelkonzentration in der Suspension kann sich aufgrund eines gerichteten Transports infolge der Strömung durch Konvektion bzw. Advektion oder durch Diffusion ändern. Außerdem wird der Tatsache Rechnung getragen, dass Partikel aus der Suspension aus- bzw. in diese eintreten können, indem sie sich aufgrund der bereits beschriebenen Wechselwirkungen ablagern oder wieder mobilisiert werden. Aus dieser makroskopischen Betrachtungsweise ergibt sich die folgende Differentialgleichung [114] [100]

$$\frac{\partial c_l}{\partial t} = \underbrace{-v\,\frac{\partial c_l}{\partial z}\cdot\varepsilon}_{\text{Advektion}} + \underbrace{D\,\frac{\partial^2 c_l}{\partial z^2}\cdot\varepsilon}_{\text{Diffusion}} - \underbrace{k_f\, c_l\, \varepsilon}_{\text{Ablagerung}} + \underbrace{k_r\, c_p\, \rho_p}_{\text{Resuspension}} \quad , \tag{2.10}$$

wobei c_p die Konzentration abgelagerter Partikel, ε die Porosität des Filters, t die Zeit, z die vertikale bzw. axiale Koordinate, D den Diffusionskoeffizienten, k_f den Ablagerungskoeffizienten in [1/s] und k_r den Koeffizienten der Resuspension in [m^3/(kg s)] beschreibt. Der Ursprung dieser Differentialgleichung ohne den Resuspensionsterm geht auf Iwasaki [51] bzw. Ives [49] zurück und wird in der Literatur auch als klassische Filtrationstheorie (*classical colloid **f**iltration **t**heory*, CFT) bezeichnet.
Der als konstant angenommene Ablagerungskoeffizient k_f des gesamten Filters kann mittels analytischer Modelle abgeschätzt werden. Eine einfache Abstraktion

stellt ein fluides Prisma dar, in welchem sich ein Einzelkollektor in Form einer Kugel befindet [114]. Für dieses Modell kann k_f nach [114] folgendermaßen ausgedrückt werden

$$k_f = \frac{3}{2}\,\frac{(1-\varepsilon)\,v}{d_f}\eta\,\alpha\ . \tag{2.11}$$

Dabei ist η die Wahrscheinlichkeit, mit welcher Partikel auf den Einzelkollektor zuströmen und α die Wahrscheinlichkeit, mit welcher diese Partikel am Kollektor haften bleiben. Der Filterkoeffizient η kann analog zu der im vorangegangenen Kapitel erläuterten Filtereffizienz nach Gleichung (2.9) verstanden werden.

Neben dem Modell des Einzelkollektors existieren zahlreiche weitere bzw. erweiterte Modelle, welche angepasste Berechnungsvorschriften für k_f und η bereit stellen. Eine Übersicht dieser Modelle findet sich in [83] und ist auch im Anhang A.5 dieser Arbeit beigefügt. Weitere Beispiele sind das Halbkugelmodell (engl. *hemisphere-in-cell*) von Ma et al. [74] [73], bei welchem zwei Halbkugeln einen Kontaktpunkt erzeugen, so dass auch Wedging berücksichtigt werden kann oder das *Happel-sphere-in-shell* genannte Modell von Happel [43], bei welchem der sphärische Einzelfilterkollektor von einer konzentrischen Fluidschicht umgeben ist.

Unter der Annahme eines stationären Filtrationsprozesses, d. h. die örtliche Konzentration suspendierter Partikel c_l ist zeitlich konstant, wird der linke Term in Gleichung (2.10) null gesetzt. Eine weitere Vereinfachung bedeutet die Vernachlässigung der Diffusion gegenüber der Advektion sowie der Ausschluss der Möglichkeit einer Resuspension von Partikeln. Dadurch verkürzt sich Gleichung (2.10) zu

$$0 = v\,\frac{\partial c_l}{\partial z}\cdot\varepsilon + k_f\,c_l\,\varepsilon\ . \tag{2.12}$$

Die erhaltene Differentialgleichung kann mit Hilfe des Prinzips der Trennung der Variablen gelöst werden und man bekommt

$$c_l(z) = c_{l,0}\cdot \exp\left(-\frac{z}{v/k_f}\right)\ , \tag{2.13}$$

wobei $c_{l,0} = c_l(z=0)$ die Konzentration suspendierter Partikel am Beginn des Kontrollvolumens, also am Filtereintritt bezeichnet (siehe auch Abb. A.1).

Da nun die Konzentration suspendierter Partikel im Filter unter den getroffenen Annahmen und in Abhängigkeit von der axialen Koordinate z, der Geschwindigkeit in den Poren v, der Ablagerungsrate k_f sowie der gewählten Konzentration suspendierter Partikel $c_{l,0}$ bekannt ist, kann die zeit- und ortsabhängige Konzentration abgelagerter Partikel $c_p(z,t)$ entsprechend dem Rechengang im Anhang A.1 bestimmt werden.

$$c_p(z,t) = \varepsilon \cdot k_f \cdot c_{l,0} \cdot t \cdot \exp\left(-\frac{z}{v/k_f}\right) = c_l(z) \cdot \varepsilon \cdot k_f \cdot t\ . \tag{2.14}$$

Unter den gegebenen Annahmen nimmt die Konzentration abgelagerter Partikel im Filter zu einem bestimmten Zeitpunkt in axialer Richtung exponentiell ab. Zwischen der Zeit und der Partikelkonzentration an einem beliebigen Ort besteht hingegen ein linearer Zusammenhang. Da die Partikelkonzentration c_p maximal der Porosität entsprechen kann, zeigt sich hier bereits, dass Gleichung (2.14) nur für kleine Konzentrationen bzw. Filtrationszeiten gilt. Sowohl die Porosität ε als auch die Ablagerungsrate k_f sind nur bei kleinen Konzentrationen abgelagerter Partikel in erster Näherung konstant.

Aus dem in diesem Abschnitt vorgestellten makroskopischen Modell geht hervor, dass die Prozessgröße c_p, also der Volumenanteil abgelagerter Partikel im Filter, exponentiell mit zunehmender Filtertiefe abnimmt. Um eine quantitative Aussage über diese Größe machen zu können, muss der Ablagerungskoeffizient k_f bekannt sein. Da dieser, wie zuvor schon der Filterkoeffizient Λ, analytisch nur bedingt abgeschätzt werden kann, sind experimentelle Untersuchungen zur Bestimmung dieser Größen unumgänglich.

2.1.3 Experimentelle Untersuchungen

Um die Parameter der mathematisch-analytischen Modelle zu bestimmen, wurden zahlreiche experimentelle und auch numerisch-simulative Untersuchungen an Tiefenfiltrationsprozessen durchgeführt. Ein Überblick über experimentelle Arbeiten soll in diesem Kapitel gegeben werden.

Experimentelle Untersuchungen lassen sich grundlegend in zwei Kategorien gliedern: Untersuchungen mit und ohne *Strukturaufklärung*. Mit Strukturaufklärung ist in diesem Zusammenhang gemeint, dass die räumliche Verteilung bestimmter Größen im Filter untersucht wird. Der messtechnische Aufwand ist bei Untersuchungen ohne Strukturaufklärung deutlich geringer. Untersuchungen mit Strukturaufklärung sind durch die voranschreitende Mess- und Rechentechnik im Zusammenhang mit bildgebenden Verfahren, wie z.B. der µCT, erst seit gut einem Jahrzehnt praktikabel.

Bei Untersuchungen ohne Strukturaufklärung wird der Filter als Blackbox betrachtet. Gemessen wird in der Regel die Konzentration der Partikel im Filtrat in Form von Durchbruchkurven. Bei dieser Methode wird die Partikelkonzentration in der Suspension am Ein- und Austritt des Filters zeitabhängig bestimmt. Üblicherweise werden in diesem Zusammenhang Größen, wie z.B. die Filtereffizienz des Einzelkollektors η, der zuvor beschriebenen analytischen Modelle ermittelt [114], die analytischen Modelle auf Basis experimenteller Daten erweitert [53] oder relevante Parameter an Modellfiltrationssystemen variiert und mit eventuellen Änderungen der Durchbruchkurven korreliert [54] [60] [104] [116]. Zum Teil werden mit dieser Methode auch sehr spezifische Fragestellungen, wie bspw. die Effizienz spezieller Abwasserfilter [4] oder das Eindringen von Mörtel in Sandschüttungen [25], untersucht.

Seit gut einem Jahrzehnt haben sich zudem experimentelle Untersuchungen des Tiefenfiltrationsprozesses mit Strukturaufklärung mittels bildgebenden Verfahren etabliert, da diese Methoden deutlich mehr Informationen über die Vorgänge im Inneren des Filters liefern. Je nach Methode ist das Messergebnis meist die räumliche Verteilung der Partikelablagerungen im Filter. Diese Information kann mit weiteren Einflussparametern des Prozesses korreliert werden um möglichst allgemeingültige Aussagen zu treffen. Ein Überblick dieser Arbeiten ist in Tabelle 2.1 gegeben. Ausgewählte Arbeiten werden im Folgenden kurz zusammengefasst.

Al-Abduwani et al. [6] bestätigen in ihren Untersuchungen an Modellfilterschüttungen die CFT, d.h. den exponentiellen Konzentrationsverlauf von abgeschiedenen Partikeln c_p nach Gleichung (2.14). Genauere Erkenntnisse über wirkende Mechanismen werden nicht erzielt.

Li et al. haben Untersuchungen an Glaskugel- und Quarzsandschüttungen mit goldbeschichteten Keramikhohlkugeln als Modellpartikeln durchgeführt. Bei förderlichen Anlagerungsbedingungen [66] wird eine gute Übereinstimmung mit der CFT beobachtet. Beim Vorhandensein einer Energiebarriere [67] weichen die Konzentrationsprofile hingegen stark von der CFT ab, wobei Wedging als maßgeblicher Rückhaltemechanismus benannt wird.

Yoon et al. [115] untersuchen die Partikelabscheidung an Glasskugelschüttungen mit rauen und glatten Kugeln. Bei rauen Glaskugeln entsteht ein der CFT entsprechender Konzentrationsverlauf abgelagerter Partikel in Strömungsrichtung, bei glatten Kugeln ist die Konzentration unabhängig von der Ortskomponente in Hauptströmungsrichtung. Es wird festgestellt, dass bei glatten Kugeln die Abscheidung maßgeblich durch Wedging zustande kommt, während im Unterschied dazu Partikel an rauen Kugeln auch an zwickelfernen Oberflächen immobilisiert werden.

In den zusammenhängenden Arbeiten von Gaillard [36] und Chen [23] [22] wird die Veränderung der Permeabilität und Tortuosität in Glaskugelschüttungen mit ansteigender Konzentration abgeschiedener Partikel untersucht, indem µCT-Daten als Eingangsgröße für numerische Simulationen dienen. Qualitativ wird festgestellt, dass bereits abgeschiedene Partikelagglomerate vereinzelt resuspendiert/abgelöst werden. Ein Vergleich mit der CFT oder eine Aussage über sonst wirkende Mechanismen wird nicht angestellt.

Tab. 2.1: Übersicht zu experimentellen Untersuchungen an Tiefenfiltrationsprozessen mit Strukturaufklärung in chronologischer Reihenfolge

Quelle	Filtermedium	(Modell-) Partikel[†]	Messverfahren	Jahr
[6]	granulares SiO_2	Hematit $\alpha - Fe_2O_3$	µCT	2005
[7]	Mikrofluidikkanal	Polystyrol Latex	Mikroskopie	2006
[66] [67]	Glaskugel- & Quarzsandschüttung	Au-Keramikhohl-kugeln	µCT	2006
[113]	Quarzsandschüttung (sphärisch)	Polystyrol Latex	Mikroskopie	2006
[115]	Glaskugelschüttung	fluoriszierende P.	laserinduz. Fluoriszenz	2006
[36] [23] [22]	Glaskugelschüttung	Zirconiumdioxid ZrO_2	µCT (Syn.)	2007 2008 2009
[71]	Polyvinylidenfluorid (halbkugelförmig)	Polystyrol Latex	µCT	2010
[56]	Glaskugelschüttung	Polystyrol Latex	Fluoriszenz-Mikroskopie	2010
[17]	Polymerschaum	Hohlkugeln	MRT	2010
[111] [109] [110]	Glaskugelschüttung	Ag-Polystyrol	µCT (Syn.)	2010 2011 2012
[40]	Glaskugelschüttung	Molybdänpartikel	µCT	2015
[82]	Quarzsandschüttung	Silber-Nanopartikel	µCT (Syn.)	2015

Ag ... silberbeschichtet
Au ... goldbeschichtet
Syn. ... Nutzung von Synchrotronstrahlung
† In allen Untersuchungen wurden die Partikel in Wasser suspendiert.

Long et al. [71] untersuchen schließlich speziell den Einfluss der Diffusion (indem der Partikeldurchmesser sehr klein gewählt wird). Die entwickelten Zusammenhänge werden dabei aus numerischen Simulationen abgeleitet. Als experimentelle Eingangsgröße dient lediglich die mit Hilfe von µCT gewonnene Struktur des Filters. Die partikelbeladene Strömung wird numerisch simuliert.

Die am Lehrstuhl für Magnetofluiddynamik, Mess- und Automatisierungstechnik der TU Dresden durchgeführten und dieser Arbeit vorausgegangenen Dissertationsschriften von Waske [109] und Günther [40] beschäftigten sich ebenfalls mit der experimentellen Untersuchung des Tiefenfiltrationsprozesses mittels µCT.
Waske [109] hat dabei mit Synchrotronstrahlung Glaskugelschüttungen als Modellfilter untersucht und analog zu [67] Wedging als dominanten Rückhaltemechanismus identifiziert.
Die Motivation der Arbeit von Günther [40] war es, die Untersuchungen an der am Lehrstuhl vorhandenen Laborröntgenanlage *TomoTU* zu realisieren. Da durch diesen Schritt erheblich mehr Messzeit zur Verfügung steht, können umfangreichere Parameteruntersuchungen durchgeführt werden. Die Untersuchungen an Modellfiltern in Form von Glaskugelschüttungen haben gezeigt, dass die Konzentration abgelagerter Partikel c_p in Strömungsrichtung exponentiell abnimmt (s. Abb. 2.5). Im Unterschied zu Gleichung (2.14) konnte jedoch ein zeitabhängiger, örtlich konstanter Offset abgelagerter Partikel festgestellt werden, welcher den exponentiellen Kurvenverlauf überlagert. Als mögliche Ursache wurde die polydisperse Größenverteilung der verwendeten Molybdänpartikel vermutet. Auch hier wurde Wedging als maßgeblicher Rückhaltemechanismus beobachtet.

Aus Tabelle 2.1 geht hervor, dass bei Filtrationsprozessen ausschließlich Schüttungen, vor allem mit sphärischen Kollektoren, als Modellfilter verwendet wurden. Untersuchungen an monolithischen Filtern, wie z. B. Schwämmen, konnten nicht gefunden werden, was die Neuheit der Untersuchungen im Rahmen dieser Arbeit bestätigt. Weiterhin wird deutlich, dass die µCT aufgrund der Strukturaufklärung heutzutage das bevorzugte Messverfahren zur Untersuchung von Tiefenfiltrationsprozessen ist. Mit der hohen räumlichen Auflösung im Bereich weniger Mikrometer, teilweise sogar mehrerer hundert Nanometer, ist die Röntgentomographie besonders zur Untersuchung des Tiefenfiltrationsprozesses geeignet, da sogar einzelne Partikel unter Umständen aufgelöst werden können. Im Gegensatz zu optischen Messmethoden können auch opake Filtersysteme untersucht werden. Darüber hinaus ist die Messung zerstörungsfrei. Aus diesen Grund wurde die µCT in den vorangegangenen Dissertationen und auch im Rahmen dieser Arbeit verwendet. Im

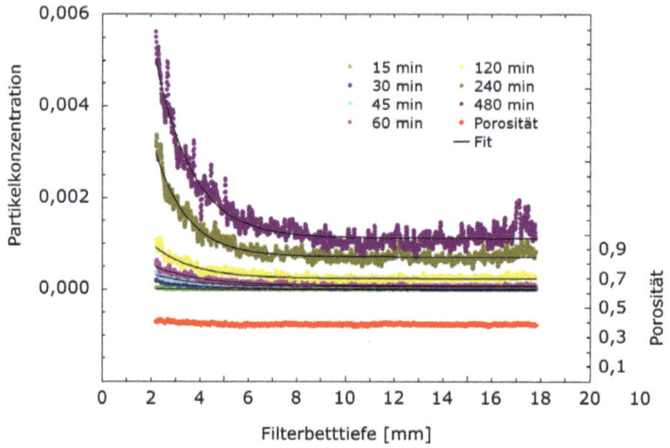

Abb. 2.5: Konzentration abgeschiedener Partikel aufgetragen über der Filtertiefe [40]. Die axialen Profile nähern sich asymptotisch einer zeitabhängigen über der Tiefe konstanten Partikelkonzentration an.

folgenden Abschnitt werden die physikalischen und mathematischen Grundlagen dieses Messverfahrens vorgestellt.

2.2 Röntgentomographie

Die Röntgentomographie bzw. Computertomographie (engl. ***c**omputed **t**omography*, CT) ist ein Messverfahren zur dreidimensionalen Bildgebung mit Hilfe von Röntgenstrahlung. Der Begriff Tomographie setzt sich aus den griechischen Wörtern τομη (*tome*, Schnitt) und γραφειν (*grafëin*, Schreiben) zusammen und beschreibt, dass das Resultat, ein dreidimensionales Bild, aus einzelnen zweidimensionalen Bildern zusammengesetzt ist. Im Fall der Röntgentomographie wird ein Probekörper aus verschiedenen Winkeln Röntgenstrahlung ausgesetzt. Aufgrund von Wechselwirkungen zwischen Röntgenstrahlung und Materie kommt es zur Abschwächung der Strahlungsintensität, welche mit Röntgendetektoren gemessen wird. Aus den unter verschiedenen Winkeln aufgenommenen Röntgenbildern bzw. Radiogrammen kann anschließend die dreidimensionale Verteilung des materialabhängigen Absorptionskoeffizienten rekonstruiert werden. Die Grundlage des Rekonstruktionsverfahrens bildet das 1917 von Radon [93] beschriebene Radontheorem. Dieses besagt, dass die zweidimensionale Verteilung einer Größe aus den unter allen Winkeln aufgenommenen Linienintegralen dieser Größe mathematisch bestimmt werden kann. Die erste technische Umsetzung eines CT-Scanners zu humanmedizinischen Untersu-

chungen konnte 1971 von Hounsfield [45] realisiert werden. Zur Rekonstruktion der Daten verwendete er Algorithmen von Cormack, wofür beide 1979 mit dem Nobelpreis für Medizin geehrt wurden. Heutzutage wird die Computertomographie neben der Medizin zunehmend in anderen Disziplinen, wie der Verfahrenstechnik [28], den Materialwissenschaften [42] oder Geowissenschaften [59], eingesetzt, wobei hier meist der Term µCT verwendet wird. Der Präfix µ verdeutlicht, dass die erreichte räumliche Auflösung im Bereich weniger µm liegt.
Bevor jedoch auf die Rekonstruktion der Tomogramme aus gemessenen Rohdaten eingegangen wird, ist es zunächst sinnvoll die Wechselwirkungen von Röntgenstrahlung mit Materie zu erläutern.

2.2.1 Abschwächung von Röntgenstrahlung

Als Röntgenstrahlung bezeichnet man elektromagnetische Strahlung in einem Wellenlängenbereich von 10^{-8} bis 10^{-13} m. Im Bereich kürzerer Wellenlängen geht die Röntgenstrahlung in den Bereich der γ-Strahlung und bei größeren Wellenlängen in den Bereich der UV-Strahlung über.
Trifft Röntgenstrahlung auf Materie, so kommt es zur Abschwächung aufgrund von Streuung (*Rayleighstreuung*) und Absorption (*Photoeffekt*, *Comptoneffekt*, *Paarbildung*, s. Abb. 2.6) [20].

- *Photoeffekt*
  Ein auftreffendes Photon wird komplett vom Atom absorbiert und schlägt ein Elektron der unteren Schale heraus, wodurch das Atom ionisiert wird.
- *Comptoneffekt*
  Ein Photon trifft auf ein quasifreies Elektron der äußeren Hülle, wodurch es nur einen Teil seiner Energie abgibt. Das Photon wird gestreut und kann im weiteren Verlauf durch den Photoeffekt absorbiert werden.
- *Paarbildung*
  Ab Photonenenergien von ca. 1 MeV kann die Röntgenstrahlung beim Auftreffen auf Materie ein Elektron-Positron-Paar erzeugen. Das Positron wird nach kurzer Zeit auf ein Elektron treffen und unter Aussendung zweier Gammaquanten zerstrahlen.

Die Absorption von Röntgenstrahlung ist von der Energie der Röntgenstrahlung, sprich deren Wellenlänge λ, sowie von der Dichte ρ und Ordnungszahl Z des durchstrahlten Materials abhängig. Quantifiziert wird die Absorption mit dem Absorptionskoeffizienten α. Für diesen gilt

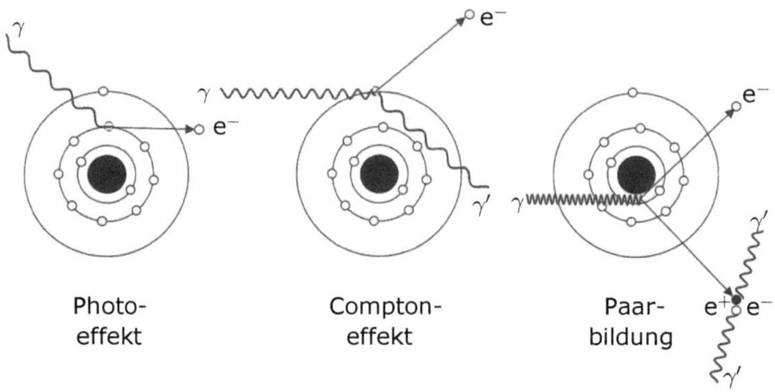

Abb. 2.6: Schematische Darstellung der Wechselwirkungsprozesse zwischen Röntgenstrahlung und Materie aus [20].

$$\alpha \propto Z^4 \rho \lambda^3 \,. \tag{2.15}$$

Der Schwächungskoeffizient μ der Röntgenstrahlung ergibt sich schließlich summarisch aus dem Streu- μ_s und Absorptionskoeffizienten α. Durchdringt Röntgenstrahlung mit der Intensität $I_R(y)$ ein homogenes Material der Dicke Δy mit dem materialspezifischen, örtlich konstanten Schwächungskoeffizienten $\mu(x, y, z) = \mu$, so erhält man eine Intensität $I_R(y + \Delta y)$ nach der Durchdringung von

$$I_R(y + \Delta y) = I_R(y) - \mu \, I_R(y) \Delta y \,. \tag{2.16}$$

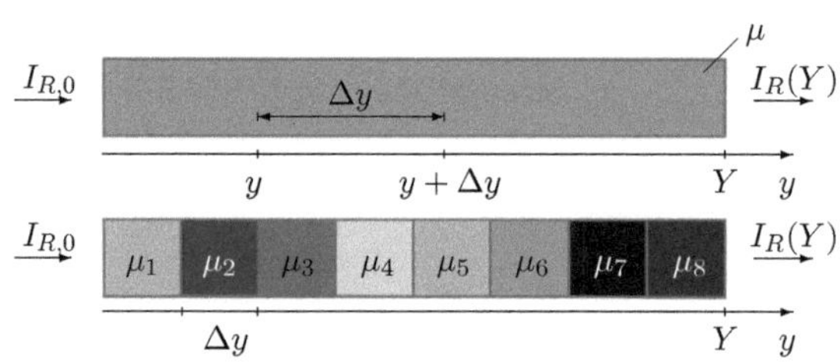

Abb. 2.7: Intensitätsabschwächung eines Röntgenstrahls bei der Durchstrahlung eines homogenen (*oben*) bzw. heterogenen Materials (*unten*).

Dieser Sachverhalt ist in Abb. 2.7 schematisch dargestellt. Wählt man nun die betrachtete Dicke infinitesimal klein ($\Delta y \rightarrow \partial y$) und löst die entstehende Gleichung mit dem Verfahren der Trennung der Variablen, erhält man das Lambert-Beersche Absorptionsgesetz

$$I_R(y) = I_{R,0} \cdot e^{-\mu y} , \tag{2.17}$$

mit der ungeschwächten Intensität $I_{R,0}$. Da reale Proben üblicherweise eine heterogene Dichteverteilung aufweisen, gilt für den Schwächungskoeffizienten $\mu = \mu(x, y, z)$. Diese Tatsache bildet die Grundlage für die Bildgebung bei röntgentomographischen Messverfahren. Gleichung (2.17) kann dann umformuliert werden zu

$$I_R(Y) = I_{R,0} \cdot e^{-\sum_{i=1}^{n} \mu_i \Delta y} , \text{ bzw. } I_R(Y) = I_{R,0} \cdot e^{-\int_0^Y \mu(y)\, dy} . \tag{2.18}$$

Das Linienintegral des Schwächungskoeffizienten wird als Projektion p bezeichnet

$$p(Y) = -\ln\left(\frac{I_R(Y)}{I_{R,0}}\right) = \int_0^Y \mu(y)\, dy \tag{2.19}$$

und ergibt sich durch die Umstellung von Gleichung (2.18). Die Intensität $I_R(Y)$ bzw. $I_{R,0}$ und somit indirekt die Projektion $p(Y)$ stellt die bei einer röntgentomographischen Aufnahme direkt *gemessene Größe* dar. Die Zielgröße der Messung ist die räumliche Verteilung des Schwächungskoeffizienten μ, welcher im Integral aus Gleichung (2.19) enthalten ist. Im Folgenden soll erläutert werden, wie die Zielgröße aus mehreren Einzelmessungen berechnet werden kann (vergleiche [20]).

2.2.2 Radontransformation

Zunächst stellt man sich ein einfaches röntgentomographisches System vor, wie in Abbildung 2.8 dargestellt, welches aus einem Detektor und einer quer zur Strahlrichtung verschiebbaren Röntgenquelle besteht. Der Abstand Y zwischen Quelle und Detektor ist konstant und das System, bestehend aus beiden Komponenten, ist drehbar. Weiterhin erzeugt die punktförmige Röntgenquelle einen dünnen Parallelstrahl. Der Einfachheit halber ist das betrachtete Objekt zweidimensional.

Zu unterscheiden sind nun zwei kartesische Koordinatensysteme: das Koordinatensystem des Objekts (x', y') und das um den Winkel φ gedrehte Koordinatensystem des abbildenden Systems (x, y), in Abbildung 2.8 rot dargestellt. Entlang des Röntgenstrahls gilt nun Gleichung (2.19), wobei man unter Berücksichtigung des Winkels φ und der Koordinate des Detektors x schreibt

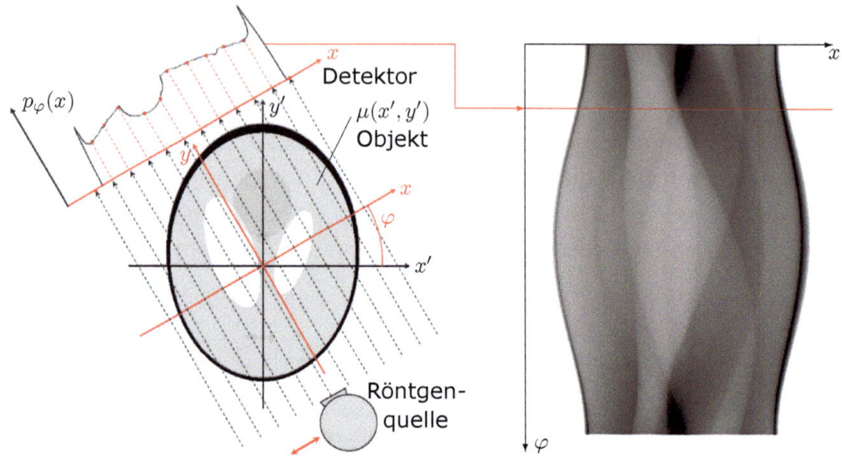

Abb. 2.8: *Links*: Schema eines röntgentomographischen Systems, bestehend aus einer um ein Objekt rotierbaren Einheit aus Detektor und Röntgenquelle. *Rechts*: Sinogramm des Objekts ($0 \leq \varphi < \pi$).

$$p_\varphi(x) = -\ln\left(\frac{I_R}{I_{R,0}}\right) = \int_0^Y \mu_{x,\varphi}(y)\, dy \tag{2.20}$$

Unter einem Winkel φ ergibt sich also ein eindimensionaler Satz von Messwerten $p_\varphi(x)$. Diese Projektionswerte werden mit einem bestimmten Inkrement für alle Winkel aufgenommen. Zur weiteren Verarbeitung werden die Projektionswerte schließlich in ein kartesisches Koordinatensystem, den Radonraum, übertragen, welches von den Koordinaten x und φ aufgespannt wird (siehe Abb. 2.8, rechts). Da alle exzentrischen Punkte des Objekts in diesem Koordinatensystem einen sinusförmigen Verlauf zeigen, nennt man diese Darstellung auch Sinogramm. Die Projektionen $p_\varphi(x)$ bezeichnet man auch als zweidimensionale Radontransformierte $\mathcal{R}_2$ des Objekts bzw. der Funktion $\mu(x', y')$

$$p_\varphi(x) = \mathcal{R}_2\{\mu(x', y')\} \ . \tag{2.21}$$

Die Gleichung (2.20) kann mit Hilfe analytischer Methoden (siehe auch Anhang A.3) so umformuliert werden, dass die Zielgröße $\mu(x', y')$ implizit im Integral enthalten ist. Die Zielstellung lautet nun im Weiteren die inverse Radontransformation vorzunehmen um $\mu(x', y')$ explizit zu bestimmen.

2.2.3 Ungefilterte Rückprojektion

Die intuitivste Variante einer inversen Radontransformation stellt die ungefilterte Rückprojektion dar, bei der die gemessenen Projektionswerte (siehe Abbildung 2.8) entlang des abgetasteten Strahls gleichmäßig in ein Bild eingetragen werden (siehe Abbildung 2.9, oben links). Dieser Vorgang wird für alle Parallelstrahlen eines Winkels wiederholt und schließlich werden die Messwerte aller Winkel iterativ in einem Bild aufsummiert (siehe Abbildung 2.9, unten).

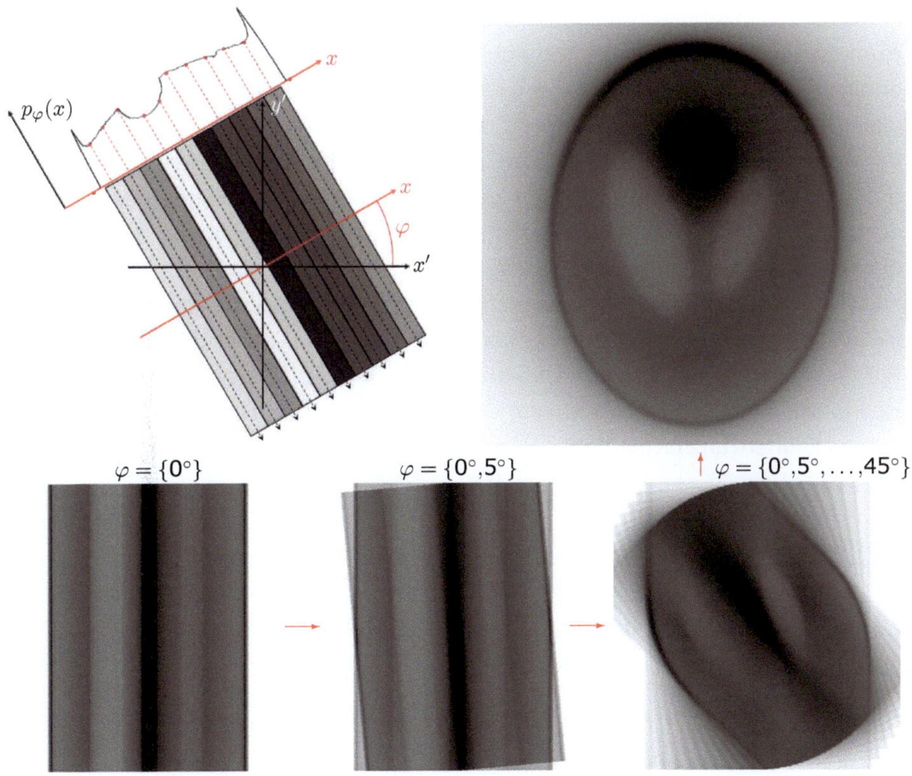

Abb. 2.9: *Links oben*: Schema der ungefilterten Rückprojektion. *Unten v.l.n.r*: Zwischenergebnisse der ungefilterten Rückprojektion startend bei einem Winkel $\varphi = 0°$ bis zu einem Winkel von $\varphi = 5°$ bzw. $\varphi = 45°$ (Inkrement von $\Delta\varphi = 5°$). *Rechts oben*: Ergebnis ($\Delta\varphi = 0{,}25°$).

Das Ergebnis der ungefilterten Rückprojektion ist eine kontrastarme, weichgezeichnete und somit ungenügende Rekonstruktion (siehe Abbildung 2.9, oben rechts) des abgebildeten Objekts (siehe Abbildung 2.8, links). Anschaulich wird dies durch das

folgende Beispiel. Stellt man sich als Objekt einen (im Rotationszentrum gelegenen) Punkt (bzw. eine δ-Funktion $f(x', y') = \delta(x', y')$) vor, so erhält man im Sinogramm eine einzelne, mittig gelegene Gerade. Bei der ungefilterten Rückprojektion wird diese Gerade unter allen Winkeln in das zu rekonstruierende Bild $I(x', y')$ eingetragen. Der Schnittpunkt aller Geraden ist die Position des abgebildeten Punktes (siehe Abbildung A.2). Die Liniendichte der Geraden nimmt mit zunehmendem Radius ab. Der Grauwert des Bildes ist mit anderen Worten indirekt proportional zum Abstand vom Bildzentrum (Position des abgebildeten Punktes). Die Berechnung des rekonstruierten Bildes eines Punktes $I_\delta(x', y')$ ist im Anhang A.2 einzusehen. Die dabei gefundene Punktantwortfunktion $h(x', y') = \frac{1}{|r|}$, mit dem Radius r vom Rotationszentrum, ist für die Kontrastarmut in Abbildung 2.9 (oben rechts) verantwortlich. Das originale Bild wird mit der Punktantwortfunktion $h(x', y')$ gefaltet, so dass ein in radialer Richtung abfallender Grauwert das Bild verschmiert.
Ein weichgezeichnetes Bild, wie bspw. das Ergebnis der ungefilterten Rückprojektion, ist im Ortsfrequenzraum dadurch gekennzeichnet, dass niedrige Ortsfrequenzen vorhanden sind. Ortsfrequenz bedeutet in diesem Zusammenhang die Änderung der Grauwerte eines Bildes im Ortsraum. Ändert sich der Bildgrauwert über viele Pixel hinweg nur geringfügig, entspricht dies einer niedrigen Ortsfrequenz. Im Ortsfrequenzraum können wiederum gewisse Ortsfrequenzen entfernt/gefiltert werden. Auf diese Weise kann bspw. ein kontrastarmes Bild scharfgezeichnet werden. Die Überführung der Bildgrauwerte vom Ortsraum in den Ortsfrequenzraum geschieht mittels Fouriertransformation.

2.2.4 Fourier-Slice-Theorem & gefilterte Rückprojektion

Um die ursprüngliche Funktion $\mu(x', y')$ direkt aus den Projektionsdaten zu gewinnen, werden folgende Schritte ausgeführt:

1. Berechnung der Fouriertransformierten der Projektion $P_\varphi(k_x) = \mathcal{F}\{p_\varphi(x)\}$
2. Konstruktion der Fouriertransformierten $M(k_{x'}, k_{y'})$ der ursprünglichen Funktion $\mu(x', y')$ aus $P_\varphi(k_x)$
3. Berechnung der ursprünglichen Funktion $\mu(x', y')$ aus deren Fouriertransformierten $\mu(x', y') = \mathcal{F}^{-1}\{M(k_{x'}, k_{y'})\}$,

wobei k_i ($i = \{x, x', y'\}$) als Argument der Fouriertransformierten die Ortsfrequenz der jeweils indizierten Variable darstellt. Schritt 1 lässt sich mit einer eindimensionalen Fouriertransformation folgendermaßen umsetzen

$$P_\varphi(k_x) = P(k_x, \varphi) = \int\limits_{-\infty}^{+\infty} p_\varphi(x)\, e^{-2\pi i k_x x}\, dx \; . \tag{2.22}$$

Für den dritten Schritt gilt die inverse zweidimensionale Fouriertransformationsvorschrift

$$\mu(x', y') = \int\limits_{-\infty}^{+\infty} \int\limits_{-\infty}^{+\infty} M(k_{x'}, k_{y'})\, e^{2\pi i (k_{x'} x' + k_{y'} y')}\, dk_{x'}\, dk_{y'} \; . \tag{2.23}$$

Führt man im zweiten Schritt die notwendige Koordinatentransformation von polaren zu kartesischen Koordinaten durch, so gilt

$$M(k_{x'}, k_{y'}) \equiv P_\varphi(k_x) \; . \tag{2.24}$$

Diese Aussage wird auch als *Fourier-Slice-Theorem* bezeichnet. Aus diesem folgt, dass Gleichung (2.23) schließlich mit der Fouriertransformierten der Projektionen $P_\varphi(k_x)$ ausgedrückt werden kann (vergleiche Anhang A.3)

$$\mu(x', y') = \int\limits_{0}^{\pi} \int\limits_{-\infty}^{+\infty} P_\varphi(k_x)\, e^{2\pi i k_x x}\, |k_x|\, dk_x\, d\varphi \; . \tag{2.25}$$

Der aus der Funktionaldeterminante (siehe ebenfalls Anhang A.3) entstandene Betrag der Ortsfrequenz $|k_x|$ stellt formal eine *Hochpassfilterung* der fouriertransformierten Projektionen im Ortsfrequenzraum dar. Diese Hochpassfilterung ist der entscheidende Faktor, welcher bei der ungefilterten Rückprojektion im Sinne einer fehlerfreien Rekonstruktion nicht berücksichtigt wurde. Damit kann folgende Arbeitsschrittanweisung formuliert werden

1. Berechnung der Fouriertransformierten der Projektion $P_\varphi(k_x) = \mathcal{F}\{p_\varphi(x)\}$
2. Hochpassfilterung der Fouriertransformierten der Projektion $\hat{P}_\varphi(k_x) = P_\varphi(k_x) \cdot k_x$
3. Rücktransformation in den Ortsbereich $\hat{p}_\varphi(x) = \mathcal{F}^{-1}\{\hat{P}_\varphi(k_x)\}$
4. Rückprojektion analog zur ungefilterten Rückprojektion $\mu(x', y') = \mathcal{R}_2^{-1}\{\hat{p}_\varphi(x)\}$.

Abbildung 2.10 (links oben) zeigt eine hochpassgefilterte Projektion (Original in Abbildung 2.9, links oben). Besonderes Merkmal ist hier, dass, im Gegensatz zur Ausgangsprojektion, auch negative Werte enthalten sind. Aufgrund dieser Tatsache werden Bildanteile kompensiert, welche durch die Punktantwortfunktion (siehe Anhang A.2) eingebracht werden.

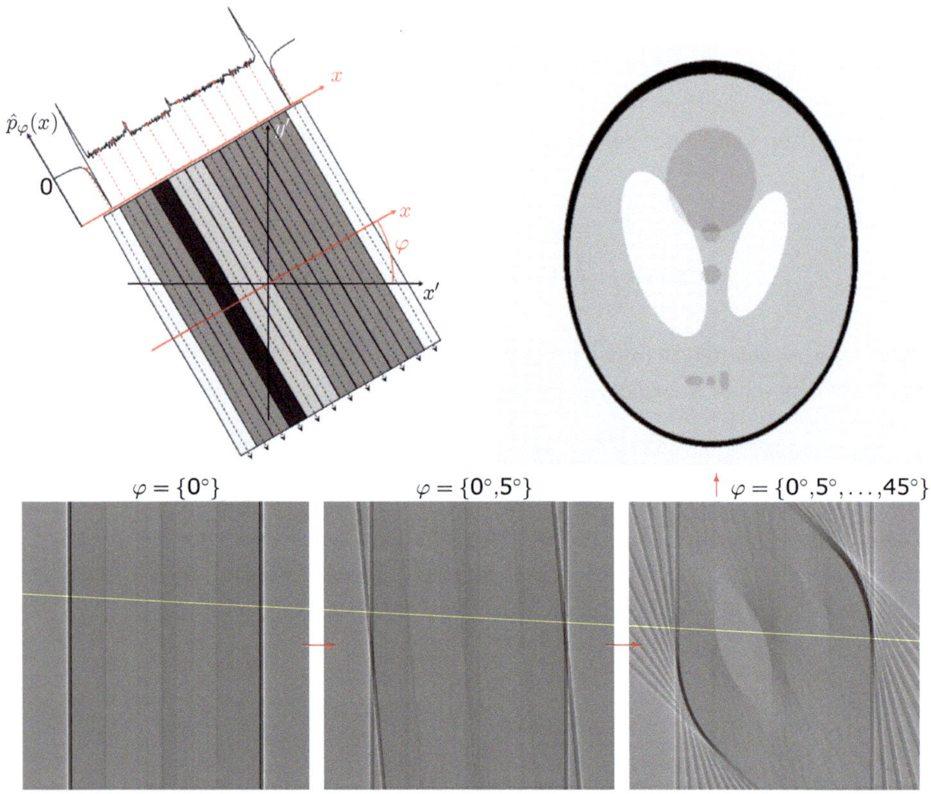

Abb. 2.10: *Links oben*: Schema der gefilterten Rückprojektion. *Unten v.l.n.r*: Zwischenergebnisse der gefilterten Rückprojektion startend bei einem Winkel $\varphi = 0°$ bis zu einem Winkel von $\varphi = 5°$ bzw. $\varphi = 45°$ (Inkrement von $\Delta\varphi = 5°$). *Rechts oben*: Ergebnis ($\Delta\varphi = 0{,}25°$).

2.2.5 Erweiterung des Modells

Das mit Abbildung 2.8 eingeführte Modell weist jedoch Unterschiede zu der im Rahmen dieser Arbeit verwendete Röntgentomographieanlage TomoTU (siehe Abbildung 3.8) auf. Diese besitzt eine Röntgenquelle, welche keinen punktförmigen Parallelstrahl, sondern einen Kegelstrahl aussendet. Somit entfällt die Translation der Röntgenquelle. Vielmehr wird ein zweidimensionaler Röntgendetektor von der Röntgenquelle belichtet und man erhält pro Belichtung einen zweidimensionalen Projektionsdatensatz $p_\varphi(x, z)$. Bei konstantem Abstand zwischen Detektor und Quelle bedeutet dies beispielsweise, dass die teilweise abgeschwächte Röntgenstrahlung

je nach Detektorkoordinate bzw. Pixel unterschiedliche Strahlwege zurücklegt. Im Gegenzug entfällt aber die technisch aufwändige sowie zeitraubende Translation der Röntgenquelle. Darüber hinaus ermöglicht der Kegelstrahl eine optische Vergrößerung des Objekts. Die Abstände zwischen Röntgenquelle, Probe und Detektor werden so eingestellt, dass die durch den Kegelstrahl bzw. Strahlensatz vergrößerte Projektion des Objekts die Fläche des Detektor möglichst vollständig ausnutzt.
Da das zu vermessende Objekt in der Realität dreidimensional ist, müssen die vorgestellten Grundlagen um eine Dimension erweitert werden gemäß $p_\varphi(x) \rightarrow p_\varphi(x, z)$ (vergleiche [20], S. 280ff). Aufgrund der einfacheren technischen Realisierung wird im Gegensatz zum Modell und zu medizinischen Röntgentomogrammen zudem das Objekt gedreht, während Quelle und Detektor statisch sind.
Der Vollständigkeit halber soll erwähnt werden, dass neben der gefilterten Rückprojektion ein zweites, grundlegend verschiedenes Rekonstruktionsverfahren existiert: die algebraische Rekonstruktion (siehe auch [20], S. 153ff). Dabei werden die Abschwächungskoeffizienten je Pixel im zu rekonstruierenden Bild in ein lineares Gleichungssystem überführt. Gerade bei einer hohen Anzahl an Pixeln ist dieses Verfahren jedoch sehr rechenintensiv.

2.3 Magnetresonanztomographie

Wie bereits erwähnt wurde, sollen quantitative Messungen der Geschwindigkeitsfelder des Fluids im Filter mittels **M**agnet**r**esonanz**t**omographie (MRT) erfolgen. Bei der MRT handelt es sich, wie auch bei der µCT, um ein bildgebendes Messverfahren. Bei Messungen wird der Effekt der Kernspinresonanz (engl. ***n**uclear **m**agnetic **r**esonance*, NMR) genutzt, welchen um 1945 Bloch und Purcell unabhängig voneinander entdeckten, wofür beide 1952 den Nobelpreis für Physik erhielten. Prinzip der Kernspinresonanz ist, dass Atomkerne mit einer Spinquantenzahl ungleich Null – bspw. Wasserstoffkerne ^{1}H – durch ein umgebendes, statisches Magnetfeld in eine Präzessionsbewegung (Larmorpräzession) mit bestimmter Frequenz (Larmorfrequenz) gebracht werden. Durch Zuschalten eines hochfrequenten Magnetfeldes mit gleicher Frequenz werden die Wasserstoffkerne angeregt. Das zugehörige, zeitlich exponentiell abklingende NMR Signal kann gemessen werden, da die präzedierenden Wasserstoffkerne in einer Empfängerspule eine Spannung induzieren. Durch graduelle Magnetfeldinhomogenitäten erfolgt schließlich die örtliche Auflösung der Dichte der Wasserstoffkerne, bzw. die zwei-/dreidimensionale Bildgebung. Die Verwendung von Magnetfeldgradienten und damit die Erfindung der bildgebenden MRT wurde 1971 von Lauterbur [64] erarbeitet. Zusammen mit Mansfield, welcher ab 1974 Beiträge zu den mathematischen Verfahren und zur schnellen Bildgebung bei-

steuerte [75], erhielt Lauterbur 2003 dafür den Nobelpreis für Medizin. Die Architektur eines typischen MR Scanners ist in Abbildung 2.11 abgebildet.
Im Folgenden soll erklärt werden, wie die dreidimensionale Bildgebung und Geschwindigkeitsmessung mittels MRT prinzipiell funktioniert (siehe hierfür auch [86] [112] [79]). Hierbei wird zunächst das Prinzip der Kernspinresonanz erläutert. Der Effekt der Kernspinresonanz kann an mehreren Isotopen, u. a. ^{1}H, ^{13}C, ^{19}F, ^{23}Na und ^{31}P, gemessen werden. Da Wasserstoff ^{1}H ein hohes NMR-Signal erzeugt, beschränken sich die folgenden Abschnitte jedoch auf dieses Isotop.

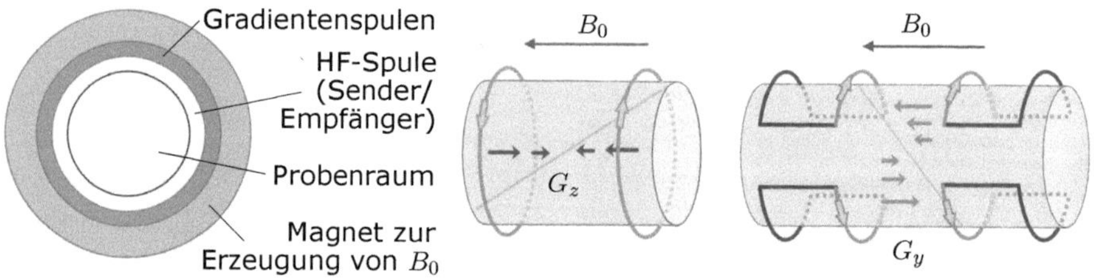

Abb. 2.11: Architektur eines typischen MR Scanners aus [79]. *Links*: Schematische Anordnung der Magnete/Spulen. *Mitte:* Beispielhafte Spulenanordnung zur Erzeugung eines Magnetfeldgradienten G_z in z-Richtung. *Rechts:* Beispielhafte Spulenanordnung zur Erzeugung eines Magnetfeldgradienten G_y in y-Richtung bzw. x-Richtung bei Drehung um $90°$.

2.3.1 Kernspinresonanz

Ein Wasserstoffkern, also ein Proton, welcher in Wasser enthalten ist, besitzt magnetische Eigenschaften. Das magnetische Moment eines Wasserstoffkerns wird durch einen Vektor beschrieben, welcher einen bestimmten Betrag sowie eine bestimmte Richtung hat. Betrachtet man mehrere Wasserstoffkerne, so bestimmen die magnetischen Momente die makroskopische Magnetisierung. Ohne ein externes Magnetfeld existiert keine makroskopische Magnetisierung aufgrund der statistisch zufällig verteilten Richtungen der magnetischen Momente der einzelnen Wasserstoffkerne.
Wird nun ein externes *Magnetfeld* B_0 angelegt, so richten sich die magnetischen Momente der einzelnen Wasserstoffkerne vorzugsweise in Richtung des Magnetfeldes B_0 aus. Da sich mehr Wasserstoffkerne parallel als anti-parallel zur Magnetfeldrichtung ausrichten, entsteht eine makroskopische Magnetisierung in $+z$-Richtung, wie in Abbildung 2.12 rechts gezeigt. In transversaler Richtung, also in der xy-Ebene, entsteht keine Magnetisierungskomponente, da die Protonen nicht in Phase präzedieren. Dies wird durch die grünen, zufällig ausgerichteten Vektorkomponenten

in Abbildung 2.12 verdeutlicht. Ein zweites wichtiges Merkmal ist, dass die Wasserstoffkerne mit einer bestimmten Frequenz, der Larmorfrequenz ω_0, um die Magnetfeldachse präzedieren, wie in Abbildung 2.12 links gezeigt. Die entscheidende Gesetzmäßigkeit ist, dass die Larmorfrequenz proportional zur Magnetfeldstärke ist.

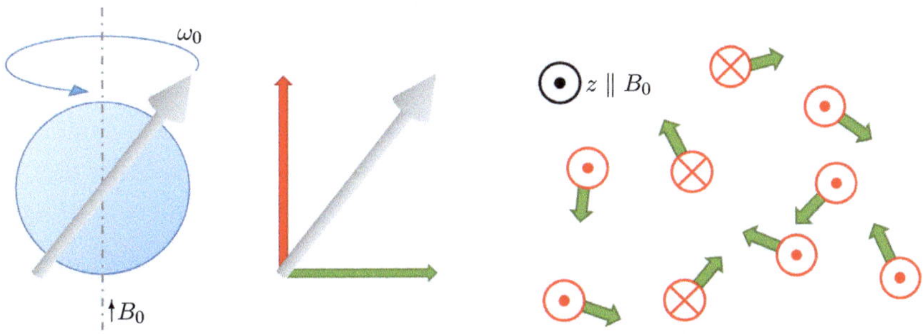

Abb. 2.12: *Links*: Schema eines Wasserstoffkerns (blau) dessen magnetisches Moment mit der Larmorfrequenz ω_0 präzediert. Das magnetische Moment besteht aus einer longitudinalen (rot) und transversalen (grün) Komponente. *Rechts*: Eine makroskopische Magnetisierung entsteht durch eine Menge ausgerichteter, magnetischer Momente.

$$\omega_0 = \gamma \cdot B_0 \tag{2.26}$$

Der Proportionalitätsfaktor ist das gyromagnetischen Verhältnis γ, mit dem für Wasserstoffkerne spezifischen Wert $\gamma = 42{,}58\,\mathrm{MHz/T}$.
Trifft eine **h**och**f**requent (HF) gepulste, elektromagnetische Welle mit der Frequenz ω_0 auf einen mit der Larmorfrequenz ω_0 präzedierenden Wasserstoffkern, so wird dieser aufgrund der Resonanz angeregt. Diese Anregung führt zu einer Abnahme der longitudinalen sowie zu einer Zunahme der transversalen Komponente der Magnetisierung. Die Magnetisierung wird also mit anderen Worten um einen bestimmten Anregungswinkel gekippt, welcher von der Stärke und Dauer des HF-Pulses abhängt. Ein Anregungswinkel von 90° bedeutet ein Kippen der Magnetisierung in die xy-Ebene. Nach der Anregung sind die immer noch mit ω_0 präzedierenden Spins in Phase, so dass eine präzedierende transversale Magnetisierung entsteht, welche in der Empfängerspule eine Spannung induziert – das messbare NMR-Signal.
Nach der Anregung kehren die Wasserstoffkerne aufgrund zweier unabhängiger, simultan ablaufender *Relaxationen* in das thermische Gleichgewicht, also die ursprüngliche Ausrichtung, zurück.

- Bei der *Spin-Gitter-Relaxation* geben die Spins der Wasserstoffkerne Energie an ihre Umgebung, das Atomgitter, ab. Die Folge ist, dass die longitudinale Magnetisierung wiederhergestellt wird. Dieser exponentiell ablaufende Prozess hat die charakteristische Zeit T_1, welche von der Magnetfeldstärke B_0 sowie der chemischen Umgebung abhängig ist. Bei Flüssigkeiten bzw. Gasen in porösen Medien liegt T_1 im Größenbereich von einigen hundert bzw. einigen zehn Millisekunden.
- Außerdem kommt es zur *Spin-Spin-Relaxation*, welche eine Zunahme der Dekohärenz bewirkt. Die transversale Magnetisierung nimmt exponentiell ab, da die magnetischen Momente sich zunehmend gegenseitig aufheben. Dieser Prozess hat wiederum zwei Ursachen.
  - Die Spins sind kleine Magnetfelder, welche mit ihren Nachbaratomen wechselwirken. Die charakterisitische Zeit wird T_2 genannt und ist typischerweise kleiner als T_1. In porösen Medien hat T_2 eine Größenordnung von hunderten von Mikrosekunden bis hin zu einigen zehn Millisekunden.
  - Inhomogenitäten im Magnetfeld B_0 sorgen für eine zusätzliche Dephasierung. Dadurch läuft die beobachtbare Spin-Spin-Relaxation schneller ab.

Der Bildkontrast in der MRT ist abhängig von T_1, T_2 sowie der Dichte der Wasserstoffkerne. Die Wasserstoffkerne induzieren in der Empfängerspule während der Relaxation eine Spannung, welche das eigentliche Messsignal darstellt. Im folgenden Kapitel soll geklärt werden, wie eine räumliche Auflösung des NMR-Signals erreicht werden kann.

2.3.2 Bildgebung

Je größer die Dichte an Wasserstoffkernen je Volumenelement ist, umso größer ist die Intensität des erhaltenen NMR-Signals. Neben der Intensität bzw. Amplitude ist ein veränderliches Signal durch seine Frequenz und seine Phase bestimmt. Dies wird bei der Bildgebung mittels NMR genutzt, indem mit der Frequenz und der Phase der Magnetisierung die räumliche Information kodiert wird. Frequenz und Phase der Magnetisierung wiederum werden mit linearen Magnetfeldgradienten unter Ausnutzung der Gleichung (2.26) verändert. Die folgenden Maßnahmen werden dabei angewendet:

- Magnetfeldgradient während des HF-Pulses (Schichtselektion)
- Magnetfeldgradient nach dem HF-Puls (Phasenkodierung)
- Magnetfeldgradient während der Datenakquise (Frequenzkodierung).

Schichtselektion

Die Schichtselektion dient dazu von den dreidimensional verteilten Wasserstoffkernen nur von solchen ein NMR-Signal zu erhalten, welche sich in einer Schicht befinden. Zunächst wird aus dem dreidimensionalen Messbereich die Magnetisierung in einer Ebene ausgelenkt, indem dem Magnetfeld B_0 senkrecht zur Ebene, also bspw. in z-Richtung, ein linearer Magnetfeldgradient G_z aufgeprägt wird. Es gilt dann $B(z) = B_0 + G_z\, z$. Die magnetischen Momente präzedieren nun mit unterschiedlichen Frequenzen, da nach Gleichung (2.26) gilt

$$\omega(z) = \gamma \cdot B(z) = \gamma \cdot (B_0 + G_z\, z) \tag{2.27}$$

$$\omega(z) = \omega_0 + \gamma\, G_z\, z\ . \tag{2.28}$$

Durch Aussendung eines HF-Pulses mit einer bestimmten Frequenz ω werden aufgrund der Resonanzbedingung nur magnetische Momente angeregt, welche dieselbe Frequenz wie der HF-Puls haben. Im realen Fall deckt der HF-Puls technisch bedingt eine Bandbreite an Frequenzen ab. Daraus resultiert, dass keine Ebene, sondern eine Schicht angeregt wird. Durch Wahl der Gradientenstärke G_z kann schließlich die Schichtdicke und somit die Auflösung in z-Richtung eingestellt werden. Nach der Anregung wird der Magnetfeldgradient in z-Richtung abgeschaltet.

Phasenkodierung

Nach Aussendung des HF-Pulses präzedieren alle angeregten magnetischen Momente in einer Schicht in Phase (siehe Abbildung 2.13 zum Zeitpunkt t). Nun wird dem Magnetfeld bspw. ein Gradient G_y in y-Richtung aufgeprägt ($B(y) = B_0 + G_y\, y$). Dadurch verändert sich erneut die Frequenz der Präzession nach Gleichung (2.26), so dass die Momente in Gradientenrichtung einen mit der Zeit zunehmenden Phasenunterschied haben, senkrecht dazu in x-Richtung, also auf Linien gleicher Magnetfeldstärke, aber weiterhin in Phase bleiben. Nach einer bestimmten Zeit wird der Magnetfeldgradient abgeschaltet, sodass nun wieder alle Momente mit gleicher Frequenz aber in y-Richtung phasenverschoben präzedieren. Die Phasenverschiebung bleibt, von der Spin-Spin-Relaxation (T_2-Relaxation) abgesehen, nach Abschalten des Gradienten erhalten und ist eine Funktion der Gradientenstärke G_y und der Dauer der Phasenkodierung t_{ph}.

Mit der Durchführung einer einzelnen Phasenkodierung lässt sich jedoch nur eine bestimmte Ortsfrequenz k_y kodieren. Dieses Prinzip wird unter der Annahme homogen verteilter Wasserstoffkerne in Abbildung 2.14 verdeutlicht. Abgebildet sind zwei beispielhafte Zustände nach der Phasenkodierung. Im Beispiel a) ist nach der

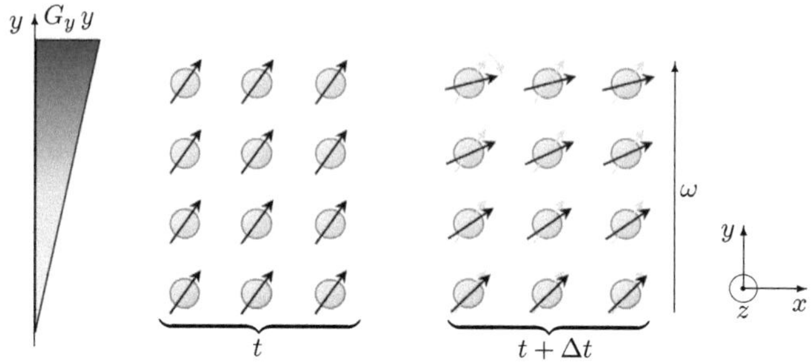

Abb. 2.13: Prinzip der Phasenkodierung. Die Zeit t entspricht dem Zeitpunkt an dem der Magnetfeldgradient zugeschaltet wird.

Phasenkodierung in einem bestimmten Abstand in y-Richtung die Phase um 180° verschoben. Dieser Abstand entspricht einer bestimmten Ortsfrequenz. Da sich die Momente gegenseitig aufheben ist die makroskopische Magnetisierung null und es wird kein NMR-Signal gemessen. Befinden sich im Messobjekt aber mit der gleichen Ortsfrequenz Gebiete, welche frei von Wasserstoffkernen sind, bleibt eine makroskopische Magnetisierung vorhanden. Ein ähnlicher Zustand ist im Beispiel b) abgebildet. Hier ist die Ortsfrequenz mit der sich gleiche Phasenwinkel wiederholen aufgrund eines variierten Magnetfeldgradienten während der Phasenkodierung geringer. Ein entsprechend starkes NMR-Signal würde man erneut nur dann erhalten, wenn auch die Gebiete, welche Wasserstoffkerne enthalten, mit dieser Ortsfrequenz im Objekt vorhanden sind. Die Intensität des NMR-Signals ist also ein Maß dafür inwiefern diese Ortsfrequenz im Messobjekt vertreten ist. Im Realfall setzt sich das Messobjekt aus einer Bandbreite von Ortsfrequenzen zusammen. Demnach müssen so viele Phasenkodierungen durchgeführt werden, wie Ortsfrequenzen untersucht werden sollen, was wiederum analog zur räumlichen Auflösung bzw. der Anzahl an Voxeln n_y in dieser Richtung im berechneten Bild ist. Dabei wird die Dauer der Phasenkodierung t_{ph} konstant gehalten und die Gradientenstärke G_y in aufeinander folgenden Messungen variiert. Prinzipiell kann die Phasenkodierung auch zur räumlichen Auflösung in anderen Richtungen genutzt werden. Allerdings steigt die Messzeit deutlich, da bei der Bestimmung jeder Ortsfrequenz k_y jeweils alle Ortsfrequenzen in bspw. x-Richtung ermittelt werden müssen. Eine effizientere Lösung zur Kodierung der dritten Raumrichtung bietet die Frequenzkodierung.

Frequenzkodierung

Die z- und y-Positionen der Wasserstoffkerne sind durch die Schichtselektion bzw. Phasenkodierungen im NMR-Signal kodiert. Somit muss noch die x-Richtung aufgelöst werden. Dazu wird dem Magnetfeld *während der Datenakquise* ein Gradient in

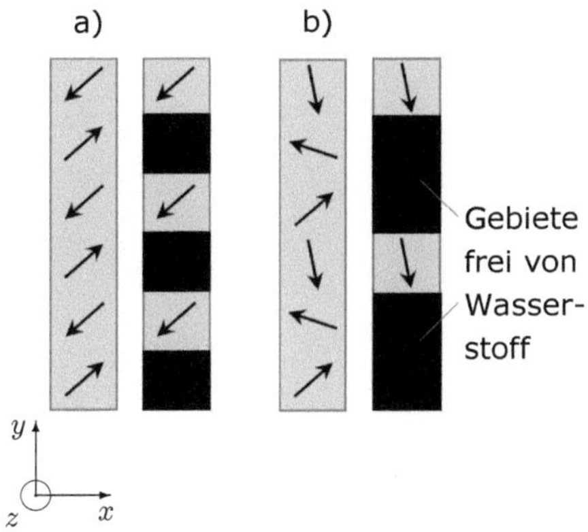

Abb. 2.14: Zustände nach der Phasenkodierung nach [79].

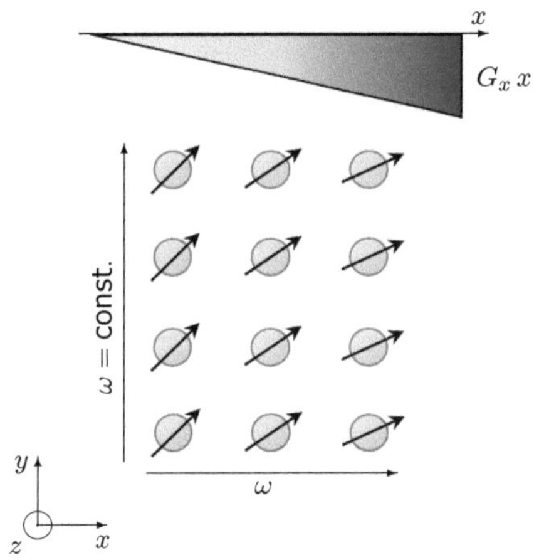

Abb. 2.15: Prinzip der Frequenzkodierung.

x-Richtung aufgeprägt ($B(x) = B_0 + G_x\,x$, siehe Abbildung 2.15). Wieder ändert sich die Frequenz der magnetischen Momente nach Gleichung (2.26). Das gemessene NMR-Signal weist nun unterschiedliche Frequenzen auf, welche die x-Position der Spins kodieren.

Im Gegensatz zur Phasenkodierung, die so oft wiederholt werden muss, wie Ortsfrequenzen zu messen sind, genügt bei der Frequenzkodierung eine einzige Anregung zur räumlichen Auflösung in der jeweiligen Richtung. Mit der Frequenzkodierung kann aber nur eine Dimension kodiert werden, da bei einer Zuschaltung von zwei Gradienten in jeweils unterschiedlichen Raumrichtungen während der Datenakquise nicht mehr eindeutig bestimmt wäre, ob sich eine bestimmte Frequenz aufgrund keines, eines oder beider Gradienten verändert.

Während die Menge an Bildpunkten n_y in y-Richtung der Anzahl an Phasenkodierungen mit unterschiedlicher Gradientenstärke entspricht, wird die Menge an Bildpunkten n_x in x-Richtung dadurch bestimmt, mit welcher Digitalisierung das frequenzkodierte Signal während der Datenakquise aufgenommen wird.

Betrachtet man zunächst nur die Frequenzkodierung einer angeregten Menge von Wasserstoffkernen, so kann das global erhaltene NMR-Signal S folgendermaßen beschrieben werden (vergleiche [63])

$$S(t) = \int_{-\infty}^{\infty} c \cdot \rho_{p^+}(x) \cdot e^{-i\,\omega(x)\,t}\,dx \;, \tag{2.29}$$

mit der Dauer der Datenakquise bei Frequenzkodierung t und der Proportionalitätskonstante c, welche u.a. vom Anregungswinkel und der Magnetfeldstärke B_0 abhängt. Bei Gleichung (2.29) handelt es sich, wie auch bei Gleichung (2.22) des Fourier-Slice-Theorems, um die Funktionsvorschrift einer Fouriertransformation. Analog zu Gleichung (2.26) gilt für die Frequenz $\omega(x)$

$$\omega(x) = \gamma\, B(x) = \gamma(B_0 + G_x\, x) \tag{2.30}$$

$$\omega(x) = \omega_0 + \gamma\, G_x\, x\ . \tag{2.31}$$

Gleichung (2.29) kann also umgeschrieben werden zu

$$S(t) = e^{-i\,\omega_0\,t} \cdot c \cdot \int_{-\infty}^{\infty} \rho_{p^+}(x) \cdot e^{-i\,\gamma\,G_x\,x\,t}\, dx\ . \tag{2.32}$$

Mit vorheriger Durchführung der Phasenkodierung gilt für das Signal weiterhin

$$S(t, G_y) = e^{-i\,\omega_0\,t} \cdot c \cdot \int_{-\infty}^{\infty}\int_{-\infty}^{\infty} \rho_{p^+}(x,y) \cdot e^{-i\,\gamma(G_x\,x\,t + G_y\,y\,t_{ph,y})}\, dx\, dy\ , \tag{2.33}$$

wobei $t_{ph,y}$ die Dauer der Phasenkodierung in y-Richtung ist. Im Sinne der Phasenkodierung ist die Gradientenstärke G_y die Variable. Der Term vor dem Integral stellt lediglich das Trägersignal dar und fällt durch die Demodulation des Signals weg. Weiterhin erhält man per Substitution mit den Ortsfrequenzen k_x und k_y schließlich

$$k_x = \gamma\, t\, G_x \tag{2.34}$$

$$k_y = \gamma\, t_{ph,y}\, G_y \tag{2.35}$$

$$S(k_x, k_y) = c \cdot \int_{-\infty}^{\infty}\int_{-\infty}^{\infty} \rho_{p^+}(x,y) \cdot e^{-i\,(k_x\,x + k_y\,y)}\, dx\, dy\ . \tag{2.36}$$

Den Zusammenhang zwischen den aufgenommenen Ortsfrequenzen und der Zielgröße, der Dichte der Wasserstoffkerne $\rho_{p^+}(x,y)$, stellt wie bereits erwähnt die Fouriertransformation her. Da die obige Gleichung der Funktionsvorschrift einer *zweidimensionalen* Fouriertransformation entspricht, ist das NMR-Signal S die Fouriertransformierte der Zielgröße $\rho_{p^+}(x,y)$. Die mittels Phasen- und Frequenzkodierung aufgenommenen NMR-Signale werden in einem zweidimensionalen Ortsfrequenzraum (engl. k-*space*) hinterlegt. In horizontaler Richtung werden dabei die frequenz- und in vertikaler Richtung die phasenkodierten Informationen jeweils entsprechend

der Ortsfrequenz gespeichert. Anschließend kann mit einer inversen zweidimensionalen Fouriertransformation die Zielgröße $\rho_{p^+}(x, y)$ explizit bestimmt werden.
Eine dreidimensionale Bildgebung läuft nach den folgenden Schemata ab. In z-Richtung wird nur eine Schicht angeregt. In dieser Schicht kann die zweidimensionale Verteilung der Dichte der Wasserstoffkerne $\rho_{p^+}(x, y)$ aufgrund mehrerer Phasenkodierungen und der Frequenzkodierung bestimmt werden. Anschließend wird dieser Vorgang für in z-Richtung verschiedene Schichten wiederholt, sodass eine 3D-Bildgebung möglich ist. Diese Methode wird als Mehrschicht-2D-Bildgebung verstanden. Selbst mit einem sehr starken Magnetfeldgradienten in z-Richtung kann aber nur eine mäßige Auflösung in dieser Richtung erzielt werden. Um die Auflösung zu verbessern, so auch in dieser Arbeit, wird die direkte 3D Bildgebung eingesetzt. Bei dieser findet keine Schichtselektion, sondern eine zusätzliche Phasenkodierung statt. Wie bereits erwähnt, ist es möglich mit der Phasenkodierung mehrere Raumrichtungen zu aufzulösen, was allerdings mit einem erhöhten zeitlichen Messaufwand einhergeht. Analog zu den Gleichungen (2.34) bis (2.36) gilt demnach

$$k_z = \gamma \, t_{ph,z} \, G_z \tag{2.37}$$

$$S(k_x, k_y, k_z) = c \cdot \int_{-\infty}^{\infty} \int_{-\infty}^{\infty} \int_{-\infty}^{\infty} \rho_{p^+}(x, y, z) \cdot e^{-i\,(k_x\,x + k_y\,y + k_z\,z)} \, dx\, dy\, dz \ , \tag{2.38}$$

mit der Dauer der Phasenkodierung in z-Richtung $t_{ph,z}$. Auch hier kann die Zielgröße, also die Dichte der Wasserstoffkerne $\rho_{p^+}(x, y, z)$, über eine inverse – nun dreidimensionale – Fouriertransformation explizit bestimmt werden.
Die Auflösung, welche bei der dreidimensionalen Bildgebung mittels MRT in konventionellen Scannern erreicht werden kann, ist der Auflösung, welche µCT-Scanner bieten, deutlich unterlegen. Vorteile der MRT, wie bspw. ein hoher Weichteilkontrast oder funktionelle Messungen, sind medizinisch relevant und der Grund für die umfangreiche diagnostische Nutzung dieses Verfahrens. Die Motivation für die Verwendung der MRT in dieser Arbeit ist jedoch die Möglichkeit quantitative, dreidimensionale, *in-situ* Geschwindigkeitsmessungen vorzunehmen – vor allem, da kein Zugang für optische Geschwindigkeitsmessverfahren besteht. Ein Überblick dazu soll im folgenden Abschnitt gegeben werden.

2.3.3 Geschwindigkeitsmessung

In der MRT treten mehrere Effekte in Zusammenhang mit bewegten Spins auf, welche als Grundlage für Geschwindigkeitsmessungen genutzt werden können:

- Einströmeffekt: Ortsfeste Spins werden durch kurze Wiederholzeiten gesättigt während eine Strömung ungesättigte Spins zuführt (Sättigung vergleiche [112], Kapitel 3.3).
- Ausströmeffekt: Angeregte Spins strömen aus dem Messvolumen heraus und induzieren somit kein Messsignal.
- Dephasierung in Magnetfeldgradientenrichtung.

Vor allem in medizinischen Anwendungen – hier spricht man von MR-Angiographie – existieren eine Reihe von verschiedenen Geschwindigkeitsmessmethoden, welche den jeweils einen oder anderen oben beschriebenen Effekt ausnutzen. Prinzipiell lassen sich mit den unterschiedlichen Methoden sowohl laminare als auch turbulente Zustände sowie Ein- und Mehrphasenströmungen messen [32] [39]. Im Rahmen dieser Arbeit wurde die Phasenkontrast-MRT (PC-MRT, von engl. ***p**hase **c**ontrast*) verwendet, welche auf dem Effekt der Dephasierung in einem bipolaren Magnetfeldgradienten beruht. Die Ursache für die Wahl dieser Methode ist die akzeptable Gesamtmesszeit [46]. Diese liegt für eine Messung der drei Komponenten des Geschwindigkeitsfeldes im Rahmen dieser Arbeit dennoch im Bereich mehrerer Stunden (siehe Kapitel 3.3), sodass die Strömung stationär sein muss.

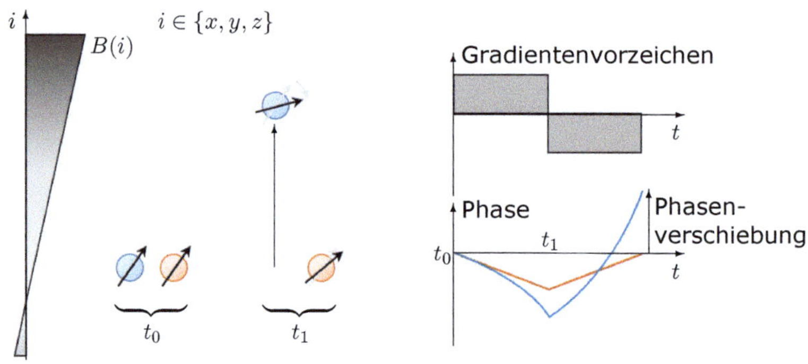

Abb. 2.16: Prinzip der Phasenkontrast-MRT.

Im Folgenden wird das Prinzip der PC-MRT erläutert. Eine detaillierte Beschreibung der Messmethode kann bspw. in [84], [18] oder [85] nachgelesen werden. Zunächst erfolgt die Anregung von magnetischen Momenten mittels eines HF-Pulses. Anschließend wird ein Magnetfeldgradient in einer Raumrichtung zugeschaltet, welcher zu einer zunehmenden Dephasierung der Momente in Magnetfeldrichtung führt. Soweit ist das Prinzip der PC-MRT analog zur bereits beschriebenen Phasenkodierung. Um ortsfeste und bewegte Spins voneinander zu unterscheiden, wird die Gradi-

entenrichtung zu einem bestimmten Zeitpunkt umgekehrt. Durch die Umkehrung des Gradienten kehrt die Phase von ortsfesten Spins zur Ausgangsphase zurück, während bewegte Spins einen bleibenden Phasenunterschied aufweisen (siehe Abbildung 2.16). Es gilt, dass der Phasenunterschied nach der Abschaltung des Magnetfeldgradienten proportional zur Geschwindigkeit des jeweiligen Spins ist. Im Anschluss erfolgt die Datenakquise.
Bei der PC-MRT ist zu beachten, dass die Phase nur in einem Bereich von $[-\pi, \pi]$ kodiert werden kann. Somit kann auch nur ein bestimmter Geschwindigkeitsbereich VENC (engl. ***v**elocity* ***enc**oding range*) $[-\mathrm{VENC}, \mathrm{VENC}]$ vermessen werden. Überschreitet die Phasenverschiebung bzw. Geschwindigkeit den Messbereich, wird die Differenz am jeweils anderen Ende des Messbereichs addiert bzw. subtrahiert. Ein Phasenwinkel von $\varphi = -190°$ wird bspw. als Phasenwinkel $\varphi = 170°$ interpretiert. Diese Missinterpretation wird auch als *phase wrapping* bezeichnet (siehe auch Abbildung 3.10, links).
Aufgrund der verwendeten Pulssequenz ist die PC-MRT anfällig gegenüber Inhomogenitäten des statischen Magnetfeldes B_0. Diese Problematik kann korrigiert werden, indem eine zweite Messung mit umgekehrter Polarität des bipolaren Magnetfeldgradienten durchgeführt und anschließend mit der ersten Messung verrechnet wird. Lediglich bei Wasserstoffkernen, welche sich in Magnetfeldgradientenrichtung bewegen, wird durch den bipolaren Magnetfeldgradienten eine Phasenverschiebung erzeugt. Um ein beliebiges Geschwindigkeitsfeld zu messen, müssen demnach drei Messungen, jeweils in einer anderen Raumrichtung, durchgeführt werden. Da für die Messung einer Geschwindigkeitskomponente zwei Messungen notwendig sind, erhöht sich der Aufwand zur Messung eines dreidimensionalen Geschwindigkeitsfeldes auf sechs Messungen. Im Rahmen dieser Arbeit wurde das Hadamard-Schema angewendet (siehe [46]), bei welchem die Anzahl an Messungen durch die effiziente Kombination der Magnetfeldgradienten in den verschiedenen Richtungen auf vier reduziert wird.

2.4 Zusammenfassung

Der Prozess der Tiefenfiltration, also die Rückhaltung von Partikeln an der inneren Oberfläche eines porösen Mediums, wird mit verschiedenen Modellen beschrieben. In der mikroskopischen Betrachtungsweise werden die Mechanismen untersucht, welche zur Partikelanlagerung führen. Diese werden in Antransportmechanismen, wie z.B. Sedimentation oder Diffusion, sowie Anlagerungsmechanismen, wie z.B. die elektrostatische Wechselwirkung, unterteilt und können mit Hilfe von dimensionslosen Kenngrößen zu einer Filtrationseffizienz zusammengefasst werden.

Im makroskopischen Ansatz führt die Bilanzierung der Konzentration suspendierter Partikel zu einer Differentialgleichung, welche unter bestimmten Vereinfachungen die in Strömungsrichtung z exponentiell abfallende Konzentration suspendierter Partikel ergibt. Daraus folgt, dass auch die Konzentration abgelagerter und somit nicht mehr suspendierter Partikel exponentiell in z-Richtung, also über die Filtertiefe, abfallen muss.

Deutlich wird, dass zur Beschreibung des Tiefenfiltrationsprozesses eine große Anzahl Parameter benötigt wird. Für den Filter sind dies bspw. die Porosität, Porengrößenverteilung und das ζ-Potential, welche zudem räumlich variant sind. Für die Partikel sind Dichte, Größenverteilung und das ζ-Potential relevant. Das Trägermedium muss durch Dichte und Viskosität sowie dessen lokale Geschwindigkeit charakterisiert werden. Globale Größen wie die Temperatur beeinflussen außerdem einzelne Mechanismen unterschiedlich stark. Darüber hinaus sind einige Größen instationär. So sinkt bspw. die Porosität des Filters mit zunehmender Partikelablagerung. Die große Anzahl relevanter Größen stellt die zentrale Herausforderung bei der messtechnischen Untersuchung des Tiefenfiltrationsprozesses dar.

Zur messtechnischen Untersuchung eignet sich die Röntgenmikrotomographie, da von opaken Objekten, wie z.B. Filtern, ein dreidimensionales Bild mit hoher räumlicher Auflösung im Mikrometerbereich aufgenommen werden kann. Das Grundprinzip wird im Radontheorem formuliert. Dieses besagt, dass aus den unter allen Winkeln aufgenommenen Linienintegralen einer Größe deren zwei- bzw. dreidimensionale Verteilung berechnet werden kann. Die Linienintegrale werden über Intensitätsmessungen ermittelt.

Mit dem Verfahren der Magnetresonanztomographie kann die Dichteverteilung von Wasserstoffkernen abgebildet werden. Die magnetischen Momente der Wasserstoffkerne werden in einem Magnetfeld bei erfüllter Resonanzbedingung von einem elektromagnetischen Impuls angeregt. Die Spins kehren in das thermische Gleichgewicht zurück und induzieren dabei eine Spannung in einer Empfängerspule, welche das Messsignal darstellt. Magnetfeldgradienten können genutzt werden, um die Dichte der Wasserstoffkerne räumlich aufzulösen. Der Einfluss der Geschwindigkeit eines Spins in Magnetfeldgradientenrichtung auf die Änderung seines Phasenwinkels wird zur Geschwindigkeitsmessung bei der Methode der Phasenkontrast-MRT benutzt. Diese ermöglicht eine quantitative, dreidimensionale Messung des Geschwindigkeitsfeldes in einem porösen Medium bei gleichzeitig akzeptabler Messzeit und wird aus diesem Grund im Rahmen dieser Arbeit angewendet.

3 Experimentelle Aufbauten

Um den Tiefenfiltrationsprozess experimentell zu untersuchen, wird ein *Modellsystem* bestehend aus Filter, Partikel und Trägermedium benötigt, welches verfahrenstechnischen als auch messtechnischen Anforderungen gerecht wird. Darüber hinaus ist für das Modellsystem eine geeignete Versuchsumgebung – die Filtrationszelle – erforderlich.

Verfahrenstechnische Anforderungen sind bspw. die Kontrolle des Einflusses der Sedimentation der Partikel, die Vermeidung von Lufteinschlüssen im Filter oder die Anströmung des Filters von einem voll ausgebildeten Strömungsprofil. Messtechnische Anforderungen werden im Fall der µCT durch einen ausreichenden Bildkontrast aufgrund unterschiedlicher Absorptionskoeffizienten zwischen Filter, Partikel und Trägermedium an das Modellsystem gestellt.

Im Folgenden soll das im Rahmen dieser Arbeit verwendete Modellsystem sowie der experimentelle Ablauf zur Untersuchung der Tiefenfiltration erläutert werden. Weiterhin werden die verwendeten Messgeräte, CT- und MR-Scanner, charakterisiert und die sich daraus ergebenden messtechnischen Randbedingungen diskutiert.

3.1 Modellsystem

3.1.1 Filter

Als Filtermaterial werden poröse keramische Monolithe verwendet (siehe Abbildung 3.1), welche von der Advanced Ceramics Group, Universität Bremen, zur Verfügung gestellt wurden. Die Filter sind Modelle für offenporige Kunststoff-, Keramik- oder Metallschäume (vgl. [92], Kap. 7), welche bei realen Filtrationsprozessen wie bspw. der Wasserfilterung in Aquarien [62] oder der Filterung von Metallschmelzen in Gießereien [58] Verwendung finden. Im Rahmen dieser Arbeit wurden sie verwendet, da gerade diese Art von Modellfilter bisher kaum untersucht wurde. Darüber hinaus kann die Form eines keramischen Monolithen, im Gegensatz zu einer Schüttung, nicht ohne Weiteres verändert werden. Wie später noch ausgeführt wird, ist der Filter bei den hier vorgestellten Untersuchungen in einer Filtrationszelle verbaut und muss zwischen den zwei Messeinrichtungen CT- und MR-Scanner bewegt werden. Bei der Verwendung einer Schüttung müsste daher zusätzlich sichergestellt werden, dass einzelne Körner des Filters sich beim Transport nicht bewegt haben.

Abb. 3.1: Monolithische Keramiken, welche im Rahmen dieser Arbeit als Filtermaterialien verwendet wurden. Einstellbar ist neben der Größenverteilung der makroskopischen Poren (siehe *links*) auch die Pyrolysetemperatur bei der Herstellung. *Links*: $T_{pyrol} \approx 1\,000°C$ führt zu schwarzer Färbung. *Rechts*: $T_{pyrol} \approx 500°C$ führt zu gelblicher Färbung.

Der Herstellungsprozess dieser Keramiken wird in [3] beschrieben und soll im Folgenden kurz zusammengefasst werden. Zunächst wurde eine Polypropylen-Gussform mit Styroporkugeln (Klassen Vitali, Deutschland) und anschließend mit einem Polymergemisch, bestehend aus 86 % Masseanteil Methyl-Phenyl-Polysiloxan (H44, Wacker Chemie GmbH, Deutschland) sowie 14 % Masseanteil 3-Aminopropyltriethoxysilan (APTES, ABCR GmbH, Deutschland) aufgefüllt. Nach der Befüllung wurde der Inhalt der Gussform um 6,25 vol% komprimiert, wobei das überschüssige Polymer abgelassen wurde. In einem weiteren Schritt wurde das Polymergemisch bei Raumtemperatur und anschließend bei 100°C vernetzt. Die pyrolytische Umsetzung zur Keramik erfolgte im Anschluss unter Stickstoffatmosphäre bei der Pyrolysetemperatur T_{pyrol}. Bei hohen Pyrolysetemperaturen von $T_{pyrol} \approx 1\,000°C$ haben die Keramiken eher hydrophile Oberflächen, wohingegen bei niedrigeren Pyrolysetemperaturen von $T_{pyrol} \approx 500°C$ eher hydrophobe Oberflächen entstehen.
Die Styropor-Templatkugeln verdampfen beim Herstellungsprozess und hinterlassen so formgerechte, kugelförmige Poren. Diese sind überwiegend an den Kugelkontaktstellen miteinander verbunden und erzeugen eine offene, durchströmbare Porosität. Durch Wahl der Templatkugelgrößenverteilung kann demnach eine charakteristische Abmessung der Filter, nämlich der Porendurchmesser d_{pore}, eingestellt werden.

Aus dem Herstellungsprozess ergeben sich daher zwei unabhängig voneinander einstellbare Parameter: die Hydrophilie bzw. Benetzungseigenschaft der Filteroberfläche sowie die Porengröße der offenen Porosität des Filters. Vor allem die Porengröße wurde in den durchgeführten Experimenten variiert (siehe Tabelle 3.1), um den Einfluss dieses Parameters auf den Filtrationsprozess zu untersuchen.

Tab. 3.1: Probenmatrix, -anzahl und [Nomenklatur].

mittlerer Porendurchmesser d_{pore} [µm]	Pyrolysetemperatur T_{pyrol} [°C]		
	500	800	1 000
	← hydrophob		hydrophil →
700	1 [D07T05Nx]	–	4 [D07T10Nx]
2 000	–	–	6 [D20T10Nx]

Die in Tabelle 3.1 angegebenen Probenmengen entsprechen der Anzahl an Proben, welche im Rahmen dieser Arbeit untersucht wurden. Grundsätzlich standen jedoch weitere Proben zur Verfügung, bspw. Proben mit einer Pyrolysetemperatur von $T_{pyrol} \approx$ 800°C. In Bezug auf die Pyrolysetemperatur wurden nahezu ausschließlich Proben mit $T_{pyrol} \approx$ 1 000°C untersucht. Lediglich eine Probe mit niedriger Pyrolysetemperatur wurde als Filter verwendet. Diese Probe (D07T05N1) wies jedoch – im Gegensatz zu den monomodal verteilten Poren der übrigen Proben – eine bimodale Porengrößenverteilung auf (siehe Abbildung 3.3) und war somit nicht zur weiteren Auswertung geeignet. Da der zeitliche Aufwand zur messtechnischen Untersuchung einer Probe bei mehreren Wochen liegt, wurden weitere Proben aus zeitlichen Gründen nicht untersucht.

Die durch die Kugelschüttung der Template eingestellte Porosität ε ist im Wesentlichen konstant, da der Wert der Porosität einer Kugelschüttung nicht vom Kugeldurchmesser abhängt. Die in Abbildung 3.2 aufgetragene Porosität aller vermessenen Proben berechnet sich jeweils aus dem Mittelwert der Porosität in axialer Richtung, wobei die Standardabweichung der axialen Porositätswerte als Fehlerbalken dargestellt ist. Die Porosität in axialer Richtung wird schichtweise aus dem binarisierten Bilderstapel der Filter berechnet. Die Bilderstapel sind die Ergebnisse der röntgentomographischen Untersuchungen. Die Mittelwerte der Porosität liegen in einem Bereich von $\varepsilon =$ (65...73) % (siehe auch Tabelle 3.2, zum Vergleich: die Packungsdichte der dichtesten Kugelpackung beträgt ca. 74 %). Weiterhin werden in Tabelle 3.2 die äußeren Abmessungen Durchmesser D und Höhe H sowie die mittlere Porengröße $\bar{d}_{pore}$ angegeben.

Tab. 3.2: Mittelwerte der Abmessungen, der Porosität und des Porendurchmessers aller untersuchter Filter.

Name	D [mm]	H [mm]	ε [%]	$\bar{d}_{pore}$ [mm]
D07T10N1	8,6	9,4	65,1	0,69
D07T10N2	8,1	9,6	68,5	0,64
D07T10N3	8,6	9,7	67,9	0,66
D07T10N4	8,9	10,6	68,0	0,71
D20T10N1	9,4	14,6	65,7	1,83
D20T10N2	9,3	17,4	66,3	1,76
D20T10N3	9,1	14,7	69,0	1,78
D07T05N1	10,3	11,3	73,4	0,74
D20T10N4	9,2	16,4	71,5	1,81
D20T10N5	9,6	16,1	68,6	1,88
D20T10N6	9,9	15,1	71,9	1,99

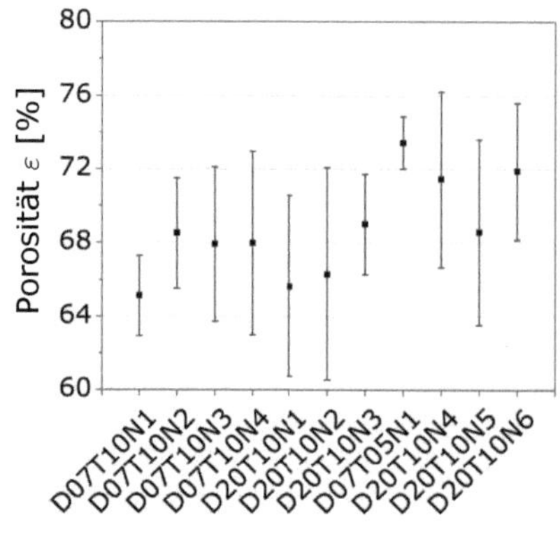

Abb. 3.2: Mittelwerte und Standardabweichung der in axialer Richtung variierenden Porosität aller untersuchter Filter.

In Abbildung 3.3 wird die Porengrößenverteilung der vermessenen Proben gezeigt. Wie die Porosität wird auch die Porengrößenverteilung direkt aus den Röntgentomogrammen bestimmt (siehe hierzu Kapitel 4.5). Innerhalb einer Probenreihe mit gleichem nominellem mittlerem Porendurchmesser sind die Porengrößenverteilungen nahezu deckungsgleich. Wie bereits erwähnt bildet die Probe D07T05N1 dabei die einzige Ausnahme, da hier die Porengröße bimodal verteilt ist. Die Größenverteilungen von Proben mit kleinerem mittleren Porendurchmesser sind deutlich schmaler als diejenigen von Proben mit großem mittleren Porendurchmesser, was vor allem auf die z. T. um eine Größenordnung höhere Anzahl an Poren in solchen Proben zurückzuführen ist. Der mittlere Porendurchmesser ist der Median, also das 50 %-Quantil, der jeweiligen Porengrößenverteilung und kann aus den Summenhäufigkeiten bestimmt werden (siehe Abbildung 3.3, rechts).

Die Probennomenklatur soll dazu dienen die Probe in den untersuchten Parameterraum einzuordnen. Zunächst wird der mittlere Porendurchmesser mit $d_{pore} \cdot 10^{-2}/[\mu m]$ angegeben (bspw. $d_{pore} \approx 700\,\mu m \equiv$ D07). Ebenso wird die Pyrolysetemperatur mit $T_{pyrol} \cdot 10^{-2}/[°C]$ kodiert (bspw. $T_{pyrol} = 1\,000\,°C \equiv$ T10). Da bei jeder Parameterkombination mehrere Proben vorliegen, werden diese zusätzlich durchnummeriert (N1,

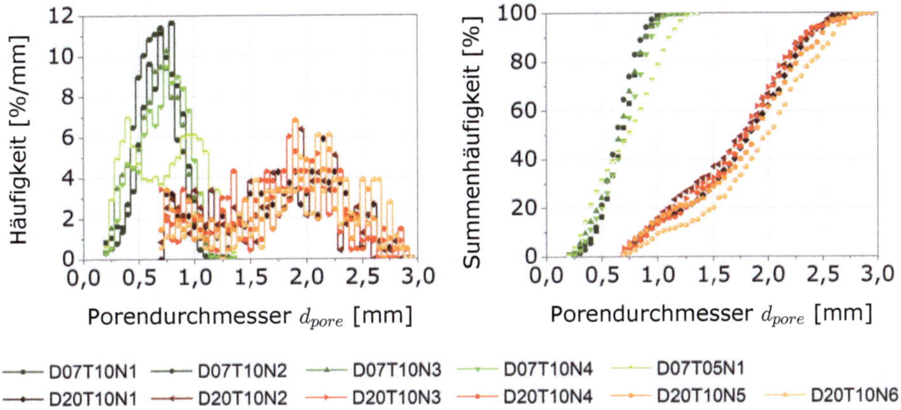

Abb. 3.3: Verteilung des Porendurchmessers aller untersuchter Filter. *Links*: Anzahlbezogene Häufigkeit. *Rechts*: Anzahlbezogene Summenhäufigkeit.

N2 usw.). Prinzipiell wurden mehrere Proben je Parameterkombination untersucht um die Vergleichbarkeit der Filtrationen mit diesen Filtern zu untersuchen (siehe Kapitel 5.1.3).
Wie aus Kapitel 2.1.1 hervorgeht, ist das ζ-Potential eine wichtige Kenngröße um den Filtrationsprozess hinsichtlich elektrostatischer Wechselwirkungen zu charakterisieren. Das ζ-Potential der keramischen Filter wurde von der Advanced Ceramics Group, Universität Bremen, mit dem Messgerät Dispersion Technology Zeta & Size 1200 (Dispersion Technology Inc., USA) bestimmt. Hierzu muss das zu vermessende Material in pulverförmiger Form vorliegen. Dies wurde erreicht, indem die gleiche Zusammensetzung der Ausgangsmaterialien H44 und APTES vernetzt, zerkleinert, bei 1 000°C pyrolisiert und anschließend erneut zerkleinert wurde. Das keramische Material weist im pH-Bereich von 5...12 ein durchgängig negatives ζ-Potential von $<-15\,\mathrm{mV}$ auf.

3.1.2 Partikel

Zur Untersuchung von Tiefenfiltrationsprozessen ist neben dem verwendeten Filtermaterial auch die zu filternde Suspension zu charakterisieren. In dieser Arbeit wurden Partikel zu destilliertem Wasser hinzugegeben. Die Partikel müssen dabei mehrere Anforderungen erfüllen.

- Die Partikelgröße sollte monomodal mit einer möglichst kleinen Standardabweichung verteilt sein um eine eindeutige Interpretation der Ergebnisse in

Bezug auf die Partikelgröße zu ermöglichen. Außerdem sollte sich der Partikeldurchmesser in einem gewissen Größenbereich um ca. 1 µm befinden. Wie in Abb. 2.3 gezeigt, dominieren bei deutlich kleineren oder größeren Durchmessern nur bestimmte Wirkmechanismen den Tiefenfiltrationsprozess, womit dieser nicht ganzheitlich abgebildet wird.

- Partikel in diesem Größenbereich liegen unterhalb der Auflösungsgrenze der verwendeten röntgentomographischen Anlage (siehe Kapitel 3.2). Haben die Partikel einen hohen Schwächungskoeffizeinten μ, so wird die Röntgenstrahlung stark abgeschwächt und Partikel unterhalb der Auflösungsgrenze sind trotzdem sichtbar. Nach Gleichung (2.15) sollten Partikel demnach aus Elementen mit einer hohen Ordnungszahl bestehen, was meist auch mit einer hohen Dichte einhergeht.
- Die Partikeldichte muss andererseits gering sein, damit Partikel in den Zuleitungen möglichst wenig sedimentieren. Sedimentieren Partikel stark in der Zuleitung, so ist die Konzentration an Partikeln in der Suspension beim Eintritt in den Filter ungewiss. Die Sedimentationsgeschwindigkeit von Partikeln nach Stokes steigt linear mit einem zunehmenden Dichteunterschied $\rho_p - \rho$ zwischen Partikel und Fluid sowie quadratisch mit einem zunehmenden Partikeldurchmesser d_p.

Ein gutes Partikelsystem sollte einen Kompromiss der beiden letztgenannten Punkte darstellen. Im Rahmen dieser Arbeit wurde pulverförmige Zinnasche (SnO_2, Kremer Pigmente GmbH & Co. KG, Deutschland) als Partikelphase verwendet. Die Dichte von Zinnasche beträgt nach Herstellerangaben $\rho_p = 6{,}95\,\mathrm{g/cm^3}$. Die Größenverteilung der Zinnaschepartikel wurde mittels Laserbeugung ermittelt (HELOS/KR-H2487, Sympatec GmbH, Deutschland, s. Abb. 3.4, links). Der Median der Partikeldurchmesser liegt bei ca. 0,85 µm. Der Schwächungskoeffizient μ von Zinn ist hoch genug um röntgentomographisch einen guten Kontrast zwischen Partikeln und Trägermedium sowie Filter zu gewährleisten. Die Partikeldichte ist ca. 7-mal höher als die Dichte des Trägermediums, sodass es zur Sedimentation der Partikel kommt.
In der vorausgegangenen Arbeit von Günther [40] wurden Molybdän-Partikel mit $\rho_p = 10{,}3\,\mathrm{g/cm^3}$ verwendet. Im Vergleich dazu stellen Zinnaschepartikel einen besseren Kompromiss zwischen Absorptionseigenschaften und Sedimentation dar. Prinzipiell können auch mit Metall, z.B. Silber oder Gold, beschichtete Glashohlkugeln als Modellpartikel verwendet werden. Durch die Metallschichtdicke kann die effektive Dichte eingestellt werden. Dabei ist auch eine effektive Dichte von ca. $\rho_p \approx 1\,\mathrm{g/cm^3}$ möglich. Aufgrund der Metallschicht mit einer hohen Ordnungszahl ist dennoch ein hoher Kontrast in Röntgentomogrammen vorhanden. Jedoch ist der Durchmesser

solcher Partikel mit ungefähr > 10 µm (siehe bspw. [80]) über dem relevanten Größenbereich.

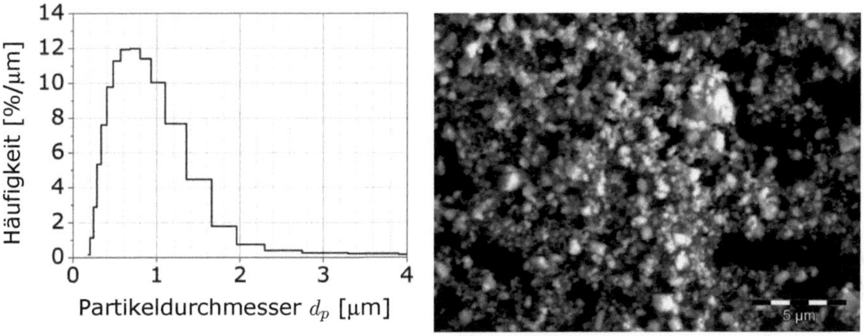

Abb. 3.4: Zinnaschepartikel. *Links*: Volumenbezogene Häufigkeit der Partikeldurchmesser als Ergebnis einer Laserbeugungsanalyse. *Rechts*: Von der Advanced Ceramics Group, Universität Bremen, angefertigte REM-Aufnahme.

Im Trägermedium (Wasser, neutraler pH-Wert) haben die Zinnaschepartikel ein negatives ζ-Potential von ca. -10 mV (siehe Anhang, Abb. C.1). Da die Filter ebenfalls ein negatives ζ-Potential aufweisen, werden die Partikel von der Filterwand *elektrostatisch abgestoßen*. Es herrschen somit keine förderlichen elektrostatischen Anlagerungsbedingungen vor. Dies ist jedoch kein Nachteil bei der Wahl der Partikel, da die Partikelablagerung bei fehlender als auch vorhandener Energiebarriere Gegenstand von Untersuchungen, wie z.B. von Li et al. [66] [67], ist.

3.1.3 Filtrationszelle

Sowohl zur Strömungsmessung mittels MRT als auch zur Untersuchung der Partikelabscheidungen im Filter mittels µCT wurde eine durchströmbare Zelle konstruiert, in welcher der Filter positioniert wurde. Konstruktionsrandbedingungen waren die Vermeidung von Strömungsbypässen zwischen Zellenwand und Filter sowie die Erzeugung eines voll ausgebildeten Strömungsprofils am Filtereintritt. Die keramischen Filter wurden dabei zwischen zwei Adaptern platziert und mit einem Schrumpfschlauch abgedichtet. Der Adapterinnendurchmesser von 8 mm orientiert sich an den Durchmessern der vermessenen Filter. Durch den flexiblen Schrumpfschlauch ließen sich sowohl Bypassströmungen unterbinden als auch Filter mit geringfügig variierendem Durchmesser verwenden. Um ein zusätzliches Messsignal, welches von nicht im Fluid enthaltenen Wasserstoffkernen ausgesendet wird, in der MRT zu vermeiden, wurden die Adapter aus wasserstofffreiem PTFE (Polytetrafluorethylen) gefertigt. Darüber hinaus durften die verwendeten Materialien aufgrund der hohen Magnetfelder im MR-Scanner nicht magnetisch sein. Die Filtrationszelle ist in den Abbildungen 3.5, 3.6 sowie 3.8 dargestellt. Technische Zeichnungen der Adapter sind dem Anhang B dieser Arbeit beigefügt.

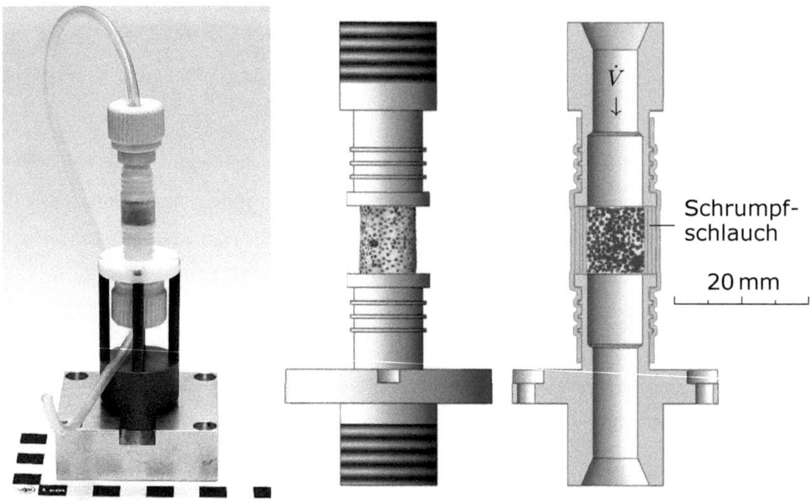

Abb. 3.5: Filtrationszelle mit kurzer Einlauflänge. *Links*: Aufnahme mit Zentimeter-Maßstab, Schlauchanschlüssen und Halterung zur Positionierung im CT-Scanner (siehe auch Abbildung 3.8). *Mitte*: Schematische Darstellung mit Filter und ohne Schrumpfschlauch. *Rechts*: Schematische Darstellung im Querschnitt.

Ein weiterer konstruktiver Parameter der Filtrationszelle ist die Einlauflänge l_{EL}. Stromaufwärts vom Filter ist eine erhebliche Querschnittserweiterung (Innendurchmesser Schlauchzuführung $d_1 = 2$ mm, Innendurchmesser Filtrationszelle $d_2 = 8$ mm) unumgänglich, infolge der das Fluid eine gewisse Strecke benötigt, um wieder ein laminares Profil auszubilden. Nach dem VDI-Wärmeatlas [106] kann diese Länge mit $l_{EL} = (8...10) \cdot d_2$, also $l_{EL} = (64...80)$ mm, abgeschätzt werden. Im Verlauf der Messungen wurden zwei konstruktive Ausführungen mit unterschiedlicher Einlauflänge verwendet (siehe Tabelle 3.3). Die Vor- und Nachteile der kurzen Variante, gezeigt in Abbildung 3.5, sowie der langen Variante, gezeigt in Abbildung 3.6, werden in Kapitel 3.3 diskutiert.

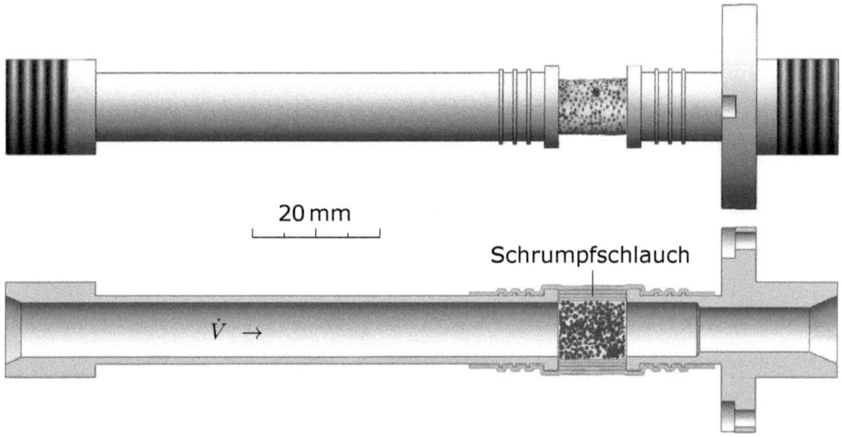

Abb. 3.6: Filtrationszelle mit langer Einlauflänge. *Oben*: Schematische Darstellung mit Filter und ohne Schrumpfschlauch. *Unten*: Schematische Darstellung im Querschnitt.

3.1.4 Ablauf der Filtrationsversuche

Die experimentelle Untersuchung eines Filters richtete sich nach folgendem Ablauf:

1. Die Messung des Geschwindigkeitsfeldes mittels MRT. Diese Messung erfolgte nicht für alle untersuchten Filter (siehe Tabelle 3.3). Im Wesentlichen ist dies darauf zurückzuführen, dass die Messmethode erst im Laufe der Arbeit von der AG In-vivo-MR (Fachbereich 02, Universität Bremen) entwickelt wurde.
2. Die Messung der Partikelablagerungen im Filter mittles µCT zu verschiedenen diskreten Zeitpunkten τ.

Bei den Geschwindigkeitsmessungen im Magnetresonanztomographen wurde destilliertes Wasser ohne Partikelzugabe mit einer peristaltischen Pumpe (REGLO Analog MS-2/6, Cole-Parmer GmbH, Deutschland) durch die Filtrationszelle gepumpt (Schema siehe Abbildung 3.7, links). Das destillierte Wasser wurde dabei zyklisch durch die Filtrationszelle befördert.
Bei den anschließend durchgeführten Filtrationsexperimenten im Röntgentomographen wurde die Suspension aus Wasser und Zinnaschepartikeln mit einer baugleichen peristaltischen Pumpe und gleichem Volumenstrom durch die Filtrationszelle gepumpt. Die in einem Reservoir befindliche Suspension wurde vor Beginn der Filtration 5 min in ein Ultraschallbad (Sonorex TK52, Bandelin electronic GmbH & Co. KG, Deutschland) gehalten um Partikelagglomerate aufzubrechen (siehe Abb. C.2

im Anhang). Während der Experimente wurde die Suspension durchgängig von einem mechanischen sowie magnetischen Rührer durchmischt um eine vorzeitige Sedimentation der Partikel zu vermeiden. Das Filtrat wurde separat aufgefangen (Schema siehe Abbildung 3.7, rechts).

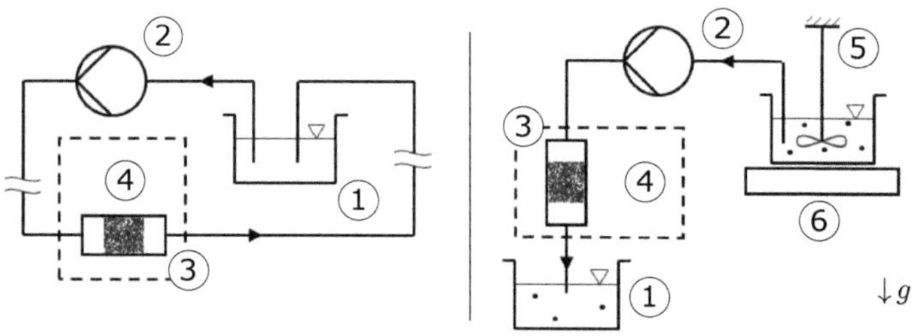

Abb. 3.7: Schemata der experimentellen Versuchsanordnungen. *Links*: MRT. *Rechts*: µCT. 1 - Reservoir, 2 - peristaltische Pumpe, 3 - Filtrationszelle (mit Filter), 4 - MR bzw. CT Scanner, 5 - Rührer, 6 - Magnetrührer.

Bei den röntgentomographischen Untersuchungen wurde zunächst der Zustand des Filters vor der Filtration festgehalten. Anschließend wurde ein röntgentomographisches Abbild der Filtrationszelle zu diskreten Filtrationszeiten τ aufgenommen. Angefangen mit $\tau = 7{,}5\,\text{min}$ wurden weitere Röntgentomogramme nach jeweils doppelter Filtrationszeit, sprich nach 15 min, 30 min, 60 min, 120 min, 240 min und, als Ausnahme von der Regel, 360 min aufgenommen. Aufgrund der Messzeit eines Einzeltomogramms (Größenordnung $t = 1\,\text{h}$) musste der Durchfluss während der Datenakquise unterbrochen werden um Bewegungsartefakte zu verhindern. Der Einfluss dieser Strömungsunterbrechung auf den Filtrationsprozess wurde bisher kaum untersucht. Carstens et al. [21] haben bei einem anderen Modellfiltrationssystem, bestehend aus organisch beschichteten Eisenoxidpartikeln in Quarzsandschüttungen, festgestellt, dass durch die Unterbrechung der Strömung ein signifikanter Teil der Partikel im Filter immobilisiert wird. Eine direkte Übertragbarkeit auf das hier verwendete Filtrationssystem ist aber aufgrund der Verschiedenheit der Modellsysteme nicht möglich.
Zwischen beiden Messungen - MRT und µCT - wurde die Filtrationszelle nicht in ihre Einzelteile zerlegt, sondern im zusammengebauten Zustand transportiert, sodass der Filter relativ zur Zu- und Abströmung unbewegt blieb.
Die Leitungslängen zwischen Pumpe und Filtrationszelle waren bei beiden Messverfahren stark unterschiedlich. Während bei den röntgentomographischen Untersuchungen auf möglichst kurze Schlauchlängen Wert gelegt wurde (ca. 0,5 m) um

die Sedimentation der Partikel im Zulauf zu minimieren, betrug die Zuleitungslänge bei den magnetresonanztomographischen Untersuchungen ca. 5 m, da die aus magnetischen Metallteilen bestehende peristaltische Pumpe aufgrund des hohen Magnetfeldes des MR Scanners (siehe Kapitel 3.3) räumlich getrennt von diesem aufgestellt werden musste.

Während der Vermessung eines Filters war der eingestellte Volumenstrom konstant. Insgesamt wurden bei der Untersuchung der Filter jedoch zwei verschiedene Volumenströme, $\dot{V} = 50\,\mathrm{mm^3/s}$ und $\dot{V} = 60\,\mathrm{mm^3/s}$, verwendet (siehe Tabelle 3.3). Diese entsprechen einer mittleren Anströmgeschwindigkeit im Einlauf der Filtrationszelle von $v_\infty = 1{,}0\,\mathrm{mm/s}$ bzw. $v_\infty = 1{,}2\,\mathrm{mm/s}$. Nach [72] lassen sich Tiefenfiltrationsprozesse entsprechend der jeweils angewandten Filtrationsgeschwindigkeit in *Langsam-* und *Schnellfiltration* unterteilen. Bei der Langsamfiltration werden Filtrationsgeschwindigkeiten von ca. $v_\infty = 25\,\mu\mathrm{m/s}$ kaum überschritten. Üblicherweise werden dabei verwendete Filter nach dem Prinzip der Querstromfiltration (s. Abb. 2.1) betrieben. Bei der Schnellfiltration hingegen werden Filtrationsgeschwindigkeiten von $v_\infty = (0{,}8...8)\,\mathrm{mm/s}$ erreicht. Entsprechende Filter werden wie im hier verwendeten experimentellen Aufbau vertikal (in Richtung der Schwerkraft) durchströmt. Die im Rahmen dieser Arbeit eingestellten Geschwindigkeiten liegen somit im unteren Bereich von Schnellfiltrationsprozessen.
Nach [103] sind bei Tiefenfiltrationsprozessen Volumenanteile des Feststoffs von $< 0{,}05\,\%$ üblich. Der Volumenanteil der verwendeten Zinnaschepartikel $c_{p,0}$ in der Suspension betrug in allen Versuchen $c_{p,0} = 0{,}01\,\%$.

Während der Untersuchung der Filtrationsexperimente wurde eine vollständige Sättigung der keramischen Filter mit destilliertem Wasser angestrebt. Dies hat verfahrenstechnische Gründe. Beim Vorhandensein einer zusätzlichen, undefinierten Luftphase findet die Partikelabscheidung auch an der Phasengrenze statt (siehe z.B. [90]). Bei vollständiger Sättigung mit Wasser entfällt dieser zusätzliche Einfluss. Um dies zu erreichen mussten einige Vorversuche durchgeführt werden. Zunächst wurde versucht, die Filtrationszelle lediglich mit destilliertem Wasser zu durchströmen. Da dies nicht zur gewünschten Sättigung führte, wurde der Filter zusätzlich mit Isopropanol durchströmt, um die Poren der Filter besser zu benetzen. Da auch dies nicht ausreichend war, wurde die geflutete Filtrationszelle zusätzlich evakuiert (vgl. Abb. C.3 im Anhang). Diese Variante erbrachte schließlich das gewünschte Ergebnis einer nahezu vollständigen Sättigung des Filters mit destilliertem Wasser. Der Volumenanteil an Luft im gesamten Filter betrug hier typischerweise $< 1\,\%$. Diese Maßnahme wurde vor allen CT- und MRT-Messungen angewendet.

Tab. 3.3: Übersicht der angewendeten Messmethoden sowie der Filtrationsparameter aller untersuchter Filter in chronologischer Reihenfolge.

Filter	MRT	µCT	$\dot{V}$ [mm³/s]	v_∞ [mm/s]	$c_{p,0}$ [vol%]	τ [min]	$l_{EL}{}^*$ [-]
D07T10N1		✓				0...360	
D07T10N2	(✓)	✓				0...360	
D07T10N3		✓				0...360	
D07T10N4	(✓)	✓	60	1,2		0...60**	$1{,}25 \cdot d_2$
D20T10N1		✓				0...360	
D20T10N2	(✓)	✓			0,01	0...360	
D20T10N3		✓				0...120†	
D07T05N1		✓				0...360	
D20T10N4	✓	✓				0...360‡	
D20T10N5	✓	✓	50	1,0		0...360	$10 \cdot d_2$
D20T10N6	✓	✓				0...360	

✓ = ohne, (✓) = mit messtechnischen Defiziten, siehe auch Kapitel 3.3

* siehe Kapitel 3.1.3

** Partikelakkumulation am Filtereintritt nach $\tau > 60\,\text{min}$

† Lufteintrag nach $\tau > 120\,\text{min}$

‡ Röntgentomogramm bei $\tau = 15\,\text{min}$ verworfen

Konkret bestand die Maßnahme aus den folgenden Schritten: Die Durchströmung der Filtrationszelle erfolgte mit destilliertem Wasser mit $\dot{V} = 60\,\text{mm}^3/\text{s}$ für $t = 30\,\text{min}$ in Richtung der Schwerkraft. Anschließend wurde die Filtrationszelle in einen nahezu vollständig mit Wasser gefüllten Druckbehälter gelegt. Durch Anlegen eines Unterdrucks dehnt sich das Volumen der im Filter verbliebener Luftblasen aus. Infolgedessen wirken größere Auftriebskräfte auf die Luftblasen, sodass diese letztendlich aus dem Filter gedrückt werden. Der Unterdruck, welcher hierbei verwendet werden kann, wird durch den Dampfdruck von Wasser begrenzt.

3.2 CT Scanner

Bei der zur röntgentomographischen Untersuchung verwendeten Anlage TomoTU handelt es sich um eine Eigenentwicklung des Lehrstuhls. Als Strahlenquelle wird eine kommerzielle Nanofokus-Röntgenröhre (XS160NFOF, GE Sensing & Inspection Technologies, USA) verwendet. Die Detektion der Röntgenstrahlen wird mit einem Flat-Panel Detektor (Shad-o-Box 4K EV, Rad-Icon Imaging Corp., USA) realisiert.

Zwischen diesen beiden Komponenten wird die Filtrationszelle auf einem Probenmanipulator rotiert um Absorptionsbilder aus verschiedenen Winkeln aufzunehmen. Die genannten Baugruppen sind in Abbildung 3.8 dargestellt, während die Betriebsparameter der Anlage in Tabelle 3.4 zusammengefasst sind.

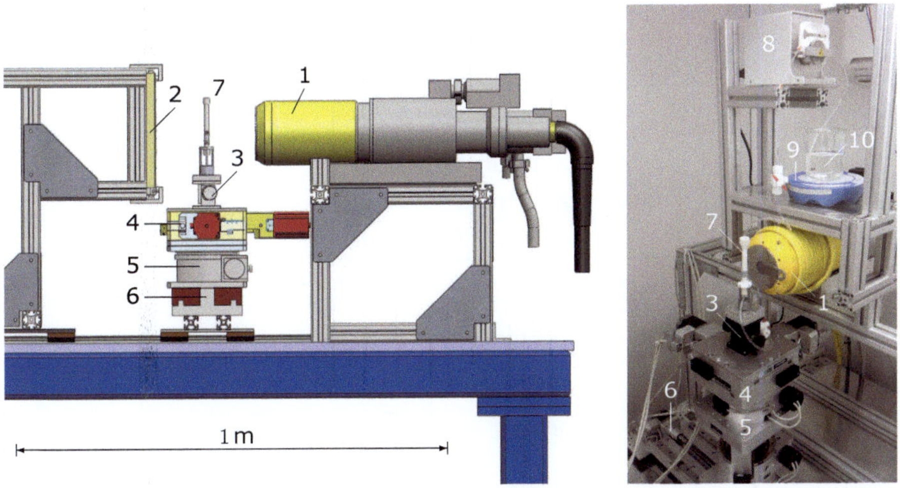

Abb. 3.8: *Links*: Schema der Röntgentomographieanlage TomoTU. *Rechts*: Experimenteller Aufbau zur Untersuchung von Tiefenfiltrationsprozessen in TomoTU. 1 - Röntgenröhre, 2 - Detektor, 3 - z-Hubtisch, 4 - x-y-Tisch, 5 - Rotationseinheit, 6 - Translationseinheit, 7 - Filtrationszelle, 8 - peristaltische Pumpe, 9 - Magnetrührer, 10 - Reservoir.

Innerhalb der Röntgenröhre wird ein gebündelter Elektronenstrahl auf ein Transmissionstarget gerichtet (Brennfleckgröße, bzw. Größe der Lichtquelle siehe Tabelle 3.4). Durch das Abbremsen der Elektronen entsteht Röntgenstrahlung, welche sich kegelförmig in den Raum zwischen Röntgenquelle und Detektor ausbreitet. Die Kegelstrahlgeometrie wiederum ermöglicht das Einstellen einer optischen Vergrößerung der Probe. Diese wird genutzt um die Detektorfläche (98,6 mm × 96,1 mm) vollständig auszunutzen, indem der Abstand zwischen Quelle und Probe bzw. Detektor entsprechend justiert wird.

Sämtliche für diese Arbeit angefertigten Röntgentomogramme wurden bei einer Beschleunigungsspannung von 90 kV und einem Kathodenstrom von 170 µA aufgenommen (siehe Tabelle 3.5). Dies entspricht einer elektrischen Leistung von 15 W.

Tab. 3.4: Betriebsparameter der Röntgentomographieanlage TomoTU.

Röntgenröhre	
Beschleunigungsspannung	10...160 kV
Kathodenstrom	5...880 µA
Strahlungsleistung	max. 15 W (Modus 1)
Targetmaterial	Molybdän/Wolfram
Brennfleckdurchmesser	ca. 2,0 µm (Modus 0) ca. 1,5 µm (Modus 1) ca. 1,0 µm (Modus 2) ca. 0,8 µm (Modus 3)
Detektor	
Größe	98,6 mm × 96,1 mm
Pixelanzahl (B × H)	2 048 × 2 000
Pixelkantenlänge	48 µm
Grauwertauflösung	12 Bit
Bildrate	max. 2,7 Hz

Dabei wurde stets der Modus 1 und somit eine Brennfleckgröße von 1,5 µm verwendet. Der Durchmesser des Brennflecks begrenzt die erreichbare maximale Auflösung der Tomogramme. Bei der Erstellung eines Tomogramms wurde die Probe um 360° gedreht, während Radiogramme mit einem Winkelinkrement von 0,25° aufgenommen wurden. Dies resultiert in einer Messzeit von ca. 1 h. Die optische Vergrößerung wurde an die Probengröße angepasst (s. Tab. 3.5). Durch ein konsequent angewendetes Binning[3] von 2 ergab sich hieraus eine isotrope räumliche Auflösung in den rekonstruierten Tomogrammen von 14...25 µm. Das Binning eines dreidimensionalen Bildes um den Faktor 2 reduziert dabei den resultierenden Datensatz um den Faktor $2^3 = 8$ und vermindert gleichzeitig das Bildrauschen, da einem resultierenden Voxel der Mittelwert aus 8 Voxeln zugeordnet wird.

Die Rekonstruktion der Radiogramme durch gefilterte Rückprojektion erfolgte auf Basis des FDK-Algorithmus [34]. Hierbei wird die Kegelstrahlgeometrie durch entsprechende Wichtungen berücksichtigt. Mit einer Tiefe von 32 Bit entspricht die Datenmenge eines einzelnen, rekonstruierten Tomogramms 2 GB bis 4 GB. Die Re-

[3]Binning (von Behälter, engl. *bin*) meint das Zusammenfassen von Voxeln. Bei einem Binning von 2 werden in einem dreidimensionalen Bild $2 \times 2 \times 2 = 8$ Voxel zu einem Voxel zusammengefasst.

duktion der Datenmenge um fast eine Größenordnung durch Binning stellt eine erhebliche Verkürzung der Rechenzeiten der bildverarbeitenden Schritte dar. Die Voxelkantenlänge liegt mit oder ohne Binning mehr als eine Größenordnung über denen der Partikel und ein bis zwei Größenordnungen unterhalb der Porengröße, sodass der Einfluss des Binnings auf die Ergebnisse der digitalen Bildverarbeitung als vernachlässigbar angenommen werden kann.

Tab. 3.5: Parameter der CT-Messungen (in chronologischer Reihenfolge).

Filter	optische Vergrößerung* [-]	räumliche Auflösung** [μm]	Beschleunigungsspannung [kV]	Kathodenstrom [μA]	Modus
D07T10N1	6,7	14,4			
D07T10N2	5,0	19,2			
D07T10N3	6,7	14,4			
D07T10N4	4,6	20,9			
D20T10N1	4,4	21,6			
D20T10N2	3,8	25,4	90	170	1
D20T10N3	4,4	21,6			
D07T05N1	5,3	18,2			
D20T10N4	4,2	23,0			
D20T10N5	4,2	23,0			
D20T10N6	4,2	23,0			

* Wurde aufgrund unterschiedlicher Probendurchmesser (mit/ohne Referenz, siehe Kapitel 3.3) variiert.

** isotrop

3.3 MR Scanner

Zur Messung des Geschwindigkeitsfeldes mit MRT wurde ein kommerzielles NMR-Bildgebungssystem (Bruker BioSpec 70/20 USR, Bruker BioSpin MRI GmbH, Deutschland, siehe Abbildung 3.9, links) verwendet, welches von der Arbeitsgruppe In-vivo-MR (Fachbereich 02, Universität Bremen, Deutschland) betrieben wird. Der horizontale MR Scanner ist mit einem 114 mm Gradientenspulensystem (B-GA 12S2, Bruker BioSpin MRI GmbH, Deutschland) ausgerüstet, welches einen maximalen Magnetfeldgradienten von 400 mT/m sowie eine maximale Schaltrate von 4 000 mT/m/ms hat. Die Steuerung des Systems erfolgt mit der Software ParaVision 5.1 (Bruker BioSpin MRI GmbH, Deutschland).

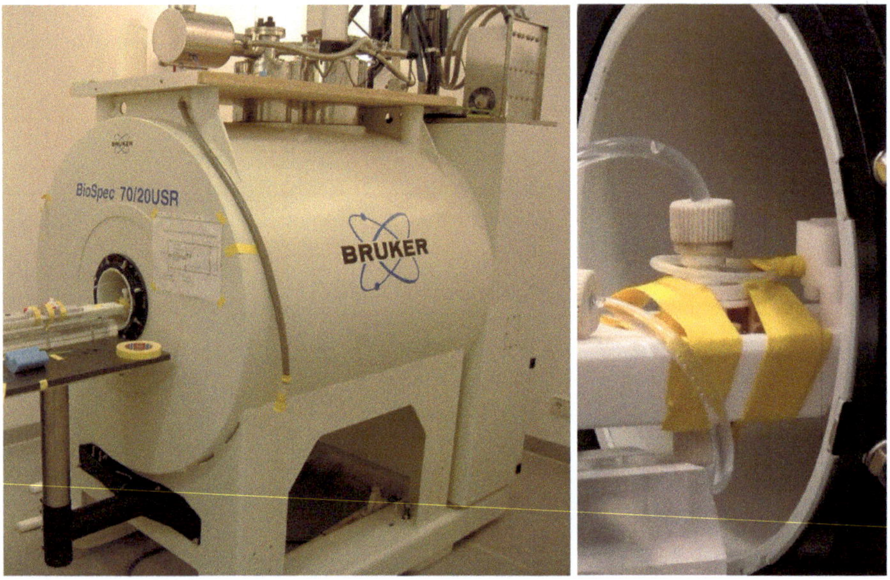

Abb. 3.9: *Links*: Foto des NMR-Bildgebungssystems (AG In-vivo-MR, Fachbereich 02, Universität Bremen) mit Filtrationszelle. Die Filtrationszelle wurde für die Bildaufnahme aus dem MR Scanner herausgezogen. *Rechts*: Detailaufnahme der Filtrationszelle in vertikaler Position im MR Scanner. Zur magnetresonanztomographischen Geschwindigkeitsmessung muss die Probe weiter in den Scanner geschoben werden, wobei sich der verfügbare Raum - hier nicht sichtbar - nochmals verengt.

Die verwendete Messmethode basiert auf der PC-MRT und wurde von der Arbeitsgruppe In-vivo-MR im Rahmen der Dissertation von Li Huang erarbeitet. Im Gegensatz zur medizinischen Diagnostik, bei der das Verfahren etabliert ist, musste die PC-MRT für den hier untersuchten Fall grundlegend überarbeitet werden. Unterschiedlich ist die Fluidgeschwindigkeit, welche bei Blut im Körper bis zu 2 m/s [112] und im Tiefenfiltrationsprozess in dieser Arbeit im Mittel ca. 1 mm/s beträgt. Die Relaxationszeiten sind zudem in einem porösen Medium niedriger. Eine detaillierte Darstellung der Messmethode wird in [46] beschrieben.
Während der Geschwindigkeitsmessung in den Filtern wurden keine Partikel zum Fluid hinzugegeben. Als strömendes Medium wurde ausschließlich destilliertes Wasser verwendet, welches in einem geschlossenen Kreislauf, bedingt durch die lange

Messzeit, durch die Filtrationszelle gepumpt wurde. Der eingestellte Volumenstrom war dabei identisch mit dem in den Filtrationsexperimenten eingestellten Durchsatz.
In der ersten Geschwindigkeitsmessung mittels MRT an der Probe D07T10N2 konnte nur die Geschwindigkeitskomponente in Hauptströmungsrichtung gemessen werden (siehe Tabelle 3.6). In der darauf folgenden Messung an Probe D07T10N4 wurden alle drei Geschwindigkeitskomponenten vermessen. Die isotrope räumliche Auflösung der Geschwindigkeitsmessungen lag mit 156 µm jedoch nahe an der mittleren Porengröße von ca. 700 µm, sodass das Geschwindigkeitsfeld nur über etwa vier Voxeln abgebildet wurde. Infolgedessen wurden im weiteren Verlauf Filter vermessen, welche mit einem mittleren Porendurchmesser d_{pore} = 2 000 µm eine repräsentative Darstellung des Geschwindigkeitsfeldes bei gleichbleibender räumlicher Auflösung ermöglichten. Bei diesen ersten Messungen, welche die Realisierbarkeit der quantitativen Geschwindigkeitsmessungen in den Filtern aufzeigten, wurde die Filtrationszelle vertikal (siehe Abbildung 3.9, rechts) im MR Scanner wie auch im CT Scanner positioniert. Die aufgrund des begrenzten Bauraums notwendige kurze Einlauflänge der Filtrationszelle führte zu einer turbulenten Anströmung des Filters mit einem nicht vollständig ausgebildeten Strömungsprofils. Darüber hinaus blieb in allen Messungen eine größere Luftblase am unteren Ende des Filters zurück. Diese schließt eine Vergleichbarkeit der MRT- und CT-Messungen aus, da die Luftblase direkt das Strömungsprofil beeinflusste.

Tab. 3.6: Anmerkungen zu MRT-Messungen (in chronologischer Reihenfolge).

Filter	Veränderung im Vergleich zu vorangegangener Messung	messtechnische Defizite
D07T10N2	erste Messung; uniaxiale Geschwindigkeitsmessung	Luftblasen, nicht vollständig ausgeprägtes Strömungsprofil
D07T10N4	Geschwindigkeitsmessung in allen Raumrichtungen	
D20T10N2	Probe mit größeren Poren → mehr Voxel je Pore (bei gleichbleibender Auflösung)	
D20T10N4	horizontale Positionierung, Filtrationszelle mit langer l_{EL}	–
D20T10N5	anisotropes VENC um Hauptströmungsrichtung Rechnung zu tragen	
D20T10N6	große Anzahl Wiederholungsmessungen	

In den folgenden MRT-Messungen wurde die Filtrationszelle horizontal im MR Scanner installiert um eine ausreichende Einlauflänge zu ermöglichen. Zum einen führte dies zu einer definierten Anströmung des Filters. Auf der anderen Seite wurden keine weiteren großen Luftblasen festgestellt. Die wahrscheinliche Ursache liegt darin, dass Luftblasen aus weiter unten liegenden Schlauchbereichen bei der vertikalen Positionierung in der Lage waren bis zum Filter aufzusteigen. Bei der horizontalen Positionierung waren die Filtrationszelle sowie Zu- und Ableitung hingegen auf gleicher Höhe, sodass eventuell im Schlauch vorhandene Luftblasen nicht aufgrund des Auftriebs bewegt wurden.
In Abbildung 3.10 sind beide Zustände gegenüber gestellt. Zu sehen ist hierbei die Verteilung der axialen Geschwindigkeitskomponente v_z ca. 2 mm stromauf vom Filter als radialer Querschnitt. Deutlich zu erkennen ist, dass bei der ungünstigen Variante eine starke Zuströmung existiert, welche aufgrund der hohen Geschwindigkeit sogar den Messbereich überschreitet und zu *wrapping* führt, während sich gleichzeitig eine ebenfalls starke Rückströmung ausbildet. Darüber hinaus existiert in einem Bereich kein Messsignal, was durch eine vorhandene Luftblase bedingt ist. Die Variante mit langer Einlauflänge zeigt hingegen ein voll ausgebildetes Strömungsprofil (siehe auch Kapitel 5.2.2).

Die im Folgenden durchgeführten Messungen an den Proben D20T10N4...N6 konnten demnach fehlerfrei durchgeführt werden. Das erste näher analysierte Geschwindigkeitsfeld war das der Probe D20T10N4. Hierbei wurde ein in Bezug auf die Leerrohrgeschwindigkeit $v_\infty = 1$ mm/s vergleichsweise hoher isotroper Geschwindigkeitsmessbereich VENC von [−30,+30] mm/s eingestellt. Dieser wurde aufgrund der maximalen gemessenen Geschwindigkeit abgeschätzt, welche in einer initialen Messung ermittelt wurde. Überschreitet die lokale Geschwindigkeit den phasenkodierten Messbereich, so wird der Geschwindigkeit ein um eine Phase von 2π verschobenes Signal zugeordnet. Auch wenn Algorithmen existieren, welche *wrapping*, also um 2π-phasenverschobene Bereiche, korrigieren können (z.B.: voxelweise [2], bezogen auf Bildregionen [52] oder ganzheitlich [99]), wurde im Rahmen der durchgeführten Geschwindigkeitsmessungen jedoch sicher gestellt, dass im Filter auftretende Geschwindigkeiten ca. zwei Drittel des halben Messbereichs VENC nicht überschreiten.
In der Folgemessung an Probe D20T10N5 wurde ein anisotroper VENC realisiert. Damit konnte berücksichtigt werden, dass die Geschwindigkeit in Hauptströmungsrichtung höher als in Querströmungsrichtung ist. Ein niedrigerer Messbereich führt wiederum zu einem geringeren Rauschen der gemessenen Geschwindigkeiten. Die Handlungsvorschrift ist also, den Messbereich so klein wie möglich zu wählen.

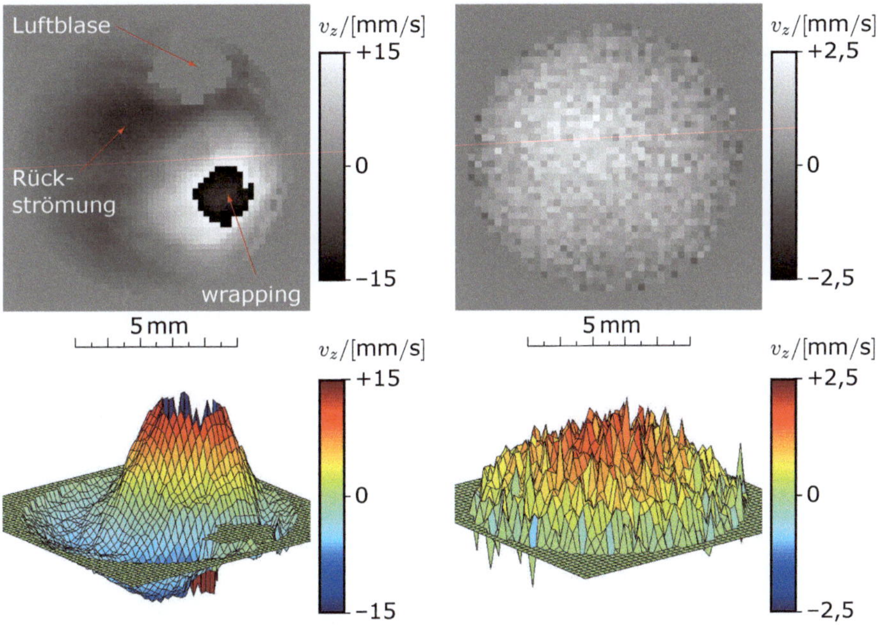

Abb. 3.10: Vergleich der vertikalen Geschwindigkeitsverteilung im Einlauf der Probe D20T10N2 (*links*, vertikale Positionierung der Filtrationszelle im MR Scanner) und D20T10N5 (*rechts*, horizontale Positionierung der Filtrationszelle im MR Scanner) jeweils ca. 2 mm stromauf vom Filter. Die Geschwindigkeiten v_z werden als Grauwert (*oben*) bzw. als farbige Höheninformation (*unten*) dargestellt.

Eine Messung an einem Filter schließt die Messung der drei Geschwindigkeitskomponenten sowie die Messung eines dreidimensionalen MR Bildes ohne Geschwindigkeitsinformation ein. Die dafür benötigte Messzeit wurde im Falle der letzten beiden Messungen auf 8 h festgelegt. Als Kompromiss wurde die isotrope räumliche Auflösung auf 200 µm erhöht, sodass ein akzeptables Signal-Rausch-Verhältnis (SNR, engl. ***s**ignal-to-**n**oise-**r**atio*) gewährleistet wird. Das SNR der MR Bilder ist nach Gleichung (4.4) lediglich von der Messzeit abhängig, das Rauschen der gemessenen Geschwindigkeiten hingegen von der Messzeit und dem Messbereich VENC.
In der letzten Messung an Probe D20T10N6 wurden fünf Wiederholungsmessungen durchgeführt. Die somit erhaltenen sechs Geschwindigkeitsfelder können gemittelt werden, wodurch sich das SNR gemäß der Anzahl der Messungen n um den Faktor $\sqrt{n}$ erhöht. Dies kann analog zu einer Verlängerung der Messzeit einer Einzelmessung betrachtet werden.

Die Datenmenge einer Einzelmessung beträgt etwa 20 MB und ist damit um etwa 2 Größenordnungen kleiner als die Datenmenge eines im Rahmen dieser Arbeit durchgeführten Röntgentomogramms.

Tab. 3.7: Parameter der auswertbaren MRT-Messungen.

Filter	VENC (x, y, z) [mm/s]	räumliche Auflösung* [µm]	Messzeit [h]	SNR** [-]	Anzahl Messungen [-]
D20T10N4	(30,30,30)	200	3,3	94,7	1
D20T10N5	(15,15,30)	200	8,0	197	3
D20T10N6	(10,10,20)	200	8,0	179	6

* isotrop

** siehe Kapitel 4.2, Gleichung (4.4)

3.4 Zusammenfassung

Im Rahmen dieser Arbeit wurde der Tiefenfiltrationsprozess anhand eines Modellsystems, bestehend aus monolithischen Filtern und in destilliertem Wasser suspendierten Zinnaschepartikeln, untersucht. Die verwendeten monolithischen Filter waren keramische Templatschäume, bei welchen die Porengrößenverteilung sowie die Benetzungseigenschaften variiert werden konnte. Da sowohl die Zinnasche-Partikel als auch die keramischen Filter im relevanten pH-Bereich ein negatives ζ-Potential aufweisen, bestehen keine förderlichen Anlagerungsbedingungen.

Die experimentelle Untersuchung erfolgte mit den Methoden Röntgenmikrotomographie und Magnetresonanztomographie. Dabei wurde zunächst das Geschwindigkeitsfeld des Trägermediums ohne Partikel in einem Filter mittels MRT aufgenommen. Im selben Filter wurde anschließend die Partikelabscheidung röntgentomographisch zu verschiedenen Zeitpunkten erfasst. Die auf der PC-MRT basierende Messmethode wurde von der AG In-vivo-MR, speziell von Li Huang im Rahmen seiner Dissertation, erarbeitet und veröffentlicht [46].

Beide Messmethoden unterscheiden sich in ihrer Auflösung um etwa eine Größenordnung. Im Fall der durchgeführten MRT-Messungen betrug die isotrope Auflösung 200 µm, im Fall der µCT-Messungen ca. 20 µm.

Bei den Proben D07T10N1...N3 sowie D20T10N1...N3 wurden alle Messparameter konstant gehalten. Unterschiedlich ist hierbei der mittlere Porendurchmesser. Aus dem Vergleich dieser Messungen wird sowohl die Wiederholbarkeit der Versuche bei Proben mit gleicher Porengrößenverteilung als auch der Einfluss der Porengröße auf den Prozess untersucht. Die magnetresonanztomographischen Geschwindigkeitsmessungen wurden anhand dieser Untersuchungen fortlaufend optimiert.

Von den Proben D20T10N4...N6 wurden sowohl MRT als auch CT Aufnahmen angefertigt. Anhand dieser Proben wird der Einfluss des Geschwindigkeitsfeldes auf den Prozess untersucht. Mit den übrigen Proben sind die Ergebnisse dieser Messungen nicht direkt vergleichbar, da ein abweichender Volumenstrom gewählt wurde.

4 Methoden der Bildverarbeitung

Die in den vorigen Kapiteln erläuterten Bildgebungsverfahren – µCT und MRT – erzeugen dreidimensionale Abbilder der Filter. Um den Tiefenfiltrationsprozess zu untersuchen, müssen aus den aufgenommenen Bildern physikalische Größen gewonnen werden. Ziel dieses Kapitels soll es sein, die dafür notwendigen Methoden zu erläutern.
Alle Schritte der Bildverarbeitung wurden, sofern nicht anderweitig vermerkt, mit der Software Matlab R2014a (The MathWorks Inc., USA) sowie dem frei erhältlichen Matlab-Plugin DIPimage, Version 2.8 [30], durchgeführt.

4.1 Definitionen

Zunächst sollen an dieser Stelle einige mathematische Definitionen und Begriffe eingeführt werden, welche bei der Verarbeitung von dreidimensionalen Bildern relevant sind. Für eine umfassendere Übersicht sei bspw. auf [97] oder [87] verwiesen.
Als Untermenge eines dreidimensionalen euklidischen Raums stellt man sich zunächst eine Matrix aus Gitterpunkten Σ der Größe $n \times n \times n$ vor. Allgemeinen lässt sich Σ somit als $\Sigma = \{(x, y, z) \mid 1 \leq x, y, z \leq n\}$ definieren, wobei ein Gitterpunkt $X = (x, y, z)$ als *Voxel* bezeichnet wird. Ein dreidimensionales Bild $I(X)$ ist nun die Zuordnung eines Werteraums zum Definitionsbereich Σ. Hierbei sind verschiedene Wertebereiche möglich. Werden den Gitterpunkten in Σ nur die Werte $\{0\}$ und $\{1\}$ entsprechend $I : \Sigma \to \{0, 1\}$ zugeordnet, so nennt man I ein *Binärbild*. Andere Wertebereiche aus der Menge der ganzen $\mathbb{Z}$ oder reellen Zahlen $\mathbb{R}$ sind ebenfalls möglich. Die Wertebereiche sind aufgrund technischer Einschränkungen, nämlich der Genauigkeit, bzw. Bittiefe, welche abgebildet werden kann, begrenzt. Unabhängig vom Wertebereich verwendet man den Überbegriff *Grauwertbild*. Im Gegensatz dazu existieren *Farbbilder*, bei denen einem Voxel üblicherweise drei ganzzahlige Funktionswerte für drei Farbkanäle zugeordnet werden. Im Rahmen dieser Arbeit werden Farbbilder lediglich zur Visualisierung in Falschfarbendarstellung verwendet. Die Zuordnung von Farben zu Grauwerten ist in einer *Farbzuordnungstablle* (LUT, engl. ***l**ook**u**p **t**able*) hinterlegt. Die Ergebnisse der in Kapitel 2 und 3 erläuterten bildgebenden Methoden sind reellwertige 32 Bit-Grauwertbilder. Diese müssen teilweise zu Binärbildern reduziert werden. Hierbei wird das betreffende Bild

im Rahmen dieser Arbeit mit einem globalen Grenzwert th (engl. ***th**reshold*) in den *Vorder-* bzw. *Hintergrund* geteilt. Diejenige Menge an Voxeln, für welche die Bedingung erfüllt ist, werden als *Vordergrund* bezeichnet - die komplementäre Menge entsprechend als *Hintergrund*. Mathematisch ausgedrückt ist der Vordergrund Σ_V bzw. Hintergrund Σ_H eine Untermenge der Matrix Σ gemäß

$$\Sigma_V = \{X \mid I(X) = 1\} \tag{4.1}$$

$$\Sigma_H = \{X \mid I(X) = 0\} = \Sigma \setminus \Sigma_V \,. \tag{4.2}$$

4.2 Nomenklatur und beispielhafte MRT- und CT-Datensätze

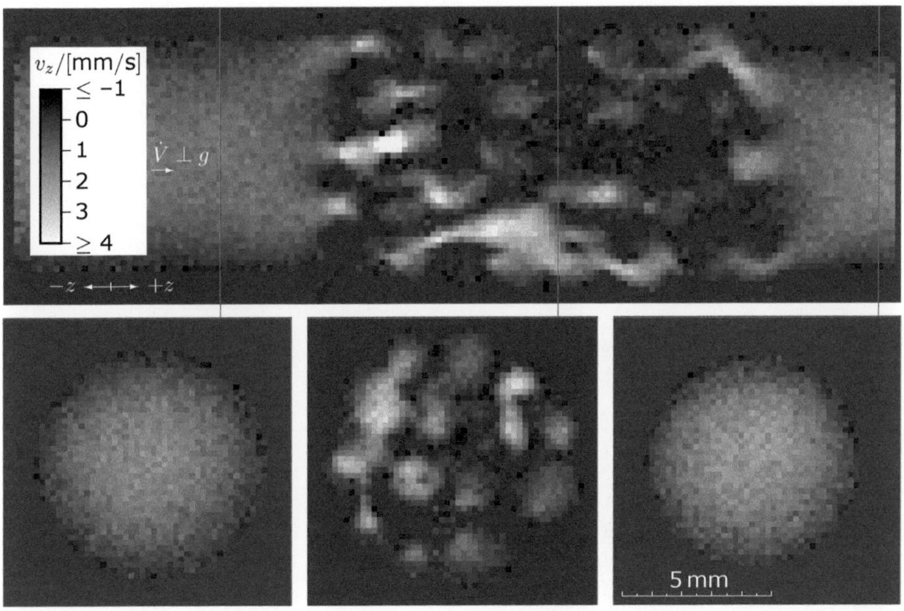

Abb. 4.1: MRT-Rohdatensatz der Geschwindigkeitskomponente in z-Richtung I_{vz} in der Probe D20T10N6. Die Voxelkantenlänge entspricht 200 µm.

Die in Abb. 4.1 - 4.3 dargestellten beispielhaften Ergebnisse der CT- und MRT-Messungen stellen die Datengrundlage für die im Weiteren beschriebene Auswertung mittels digitaler Bildverarbeitung dar.

Das Ergebnis der MRT-Geschwindigkeitsmessung ist ein Satz von Bildern, welcher neben den räumlich aufgelösten Geschwindigkeitskomponenten noch weitere In-

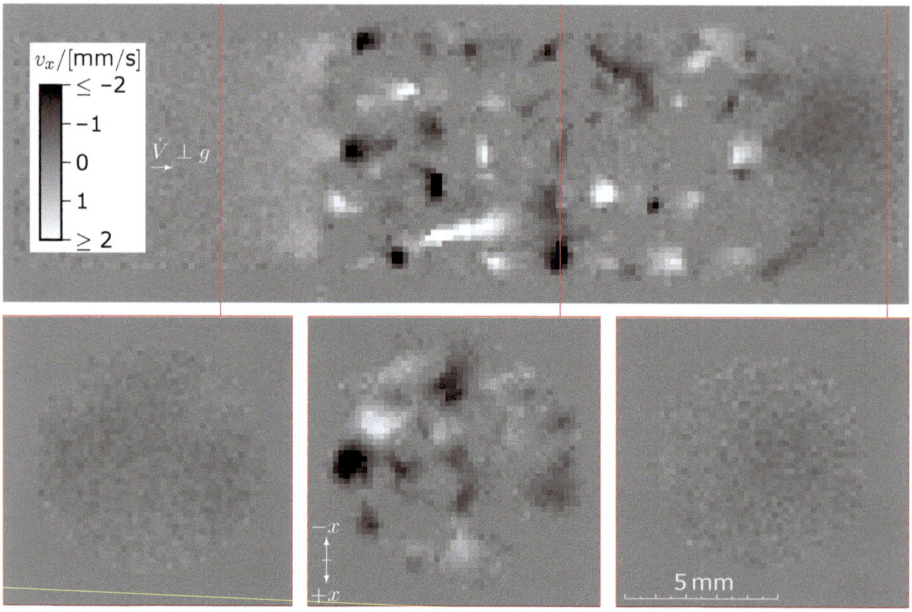

Abb. 4.2: MRT-Rohdatensatz der Geschwindigkeitskomponente in x-Richtung I_{vx} in der Probe D20T10N6. Die Voxelkantenlänge entspricht 200 μm.

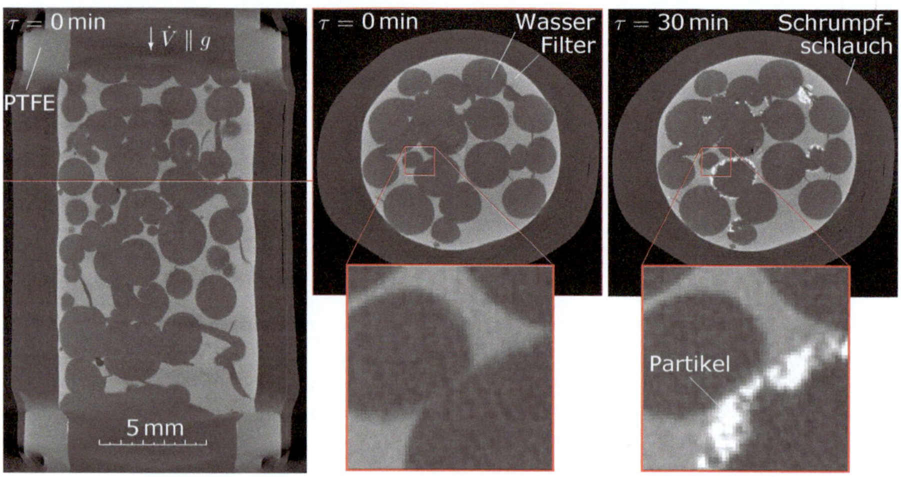

Abb. 4.3: CT-Bilder I_0 und I_{30} der Probe D20T10N1.

formationen enthält, wie in Abb. 4.4 gezeigt. Zum einen wird als Ergebnis der dreidimensionalen Bildgebung ein MR-Bild I_{MR} ohne Geschwindigkeitsinformation erzeugt. Je größer die Dichte an Wasserstoffkernen je Voxel X ist, umso größer ist der Grauwert $I_{MR}(X)$. Dieses Bild ist vor allem bei der in Kapitel 4.4 beschriebenen Bildregistrierung von Nutzen. Auf dem MR-Bild I_{MR} basiert ein binäres Bild I_{mask}, dessen Vordergrund das vom Fluid gefüllte Volumen zugewiesen wird. Darüber hinaus werden die räumlichen Informationen der Geschwindigkeitskomponenten in x-, y- und z-Richtung entsprechend in den Bildern I_{vx}, I_{vy} bzw. I_{vz} gespeichert. Auf Basis dieser drei Bilder wird voxelweise der Geschwindigkeitsbetrag $v_m(X)$ nach

$$v_m(X) = \sqrt{v_x(X)^2 + v_y(X)^2 + v_z(X)^2} \tag{4.3}$$

berechnet und im Bild I_{vm} hinterlegt. Zur Abschätzung der Güte des Messverfahrens werden noch zwei weitere Bilder erzeugt. Zum einen wird das Bild des räumlich aufgelösten Signal-Rausch-Verhältnisses SNR erzeugt. Entsprechend der Unterteilung in Vorder- und Hintergrund mit I_{mask} wird die lokale Bildintensität des Vordergrunds $I_V(X)$ und die Standardabweichung σ_H der Intensität des Bildhintergrunds bestimmt. Das SNR je Voxel X wird dann berechnet nach

$$\text{SNR}(X) = \frac{I_V(X) - \sigma_H}{\sigma_H} \,. \tag{4.4}$$

Aus dem voxelweise aufgelösten SNR wird der Geschwindigkeitsfehler der Messung nach

$$v_e(X) = \frac{\sqrt{2} \cdot \text{VENC}}{\pi \cdot \text{SNR(X)}} \tag{4.5}$$

abgeschätzt und im Bild I_{ve} hinterlegt. Dieser Geschwindigkeitsfehler skaliert somit proportional mit dem Messbereich VENC und nimmt mit zunehmendem SNR ab. Da v_e von VENC abhängig ist und VENC mitunter anisotrop ist (größer in z-Richtung), existieren zum Teil zwei Bilder $I_{ve,x}$ bzw. $I_{ve,y}$ und $I_{ve,z}$ jeweils mit der Zuordnung zur entsprechenden Geschwindigkeitskomponente (in Abbildung 4.4 bspw. die z-Komponente).

Die dreidimensionalen Bilder eines Filters aus CT-Messungen werden entsprechend ihres Aufnahmezeitpunkts während des Filtrationsprozesses, also der Filtrationszeit τ, mit $\tau/[\text{min}] \in \{0,\ 7{,}5,\ 15,\ 30,\ ...\}$, I_τ benannt.

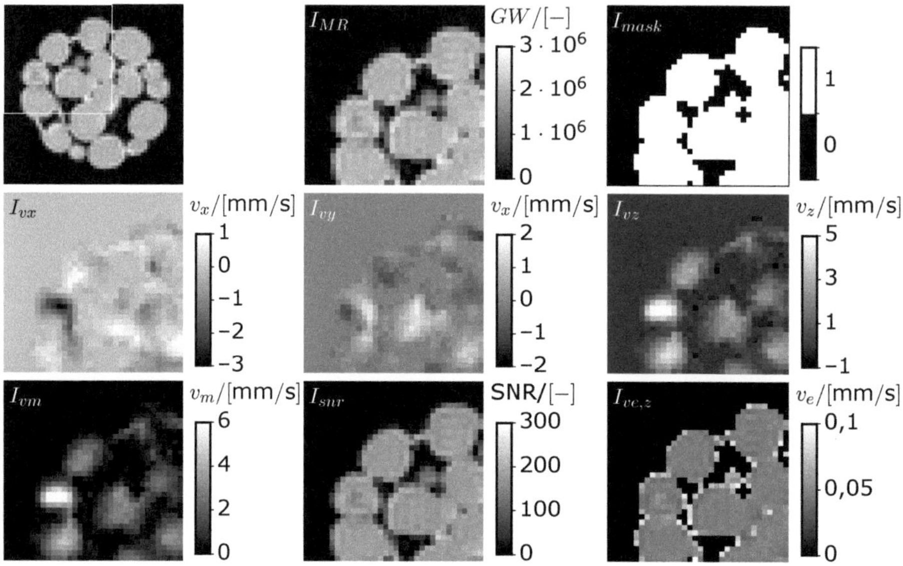

Abb. 4.4: MRT-Rohdatensatz am Beispiel der Probe D20T10N6. Die Bildausschnitte sind einem repräsentativen radialen Querschnitt im Filter entnommen (siehe weißes Quadrat oben *links*). *Von Mitte oben nach rechts unten*: I_{MR}: MR-Bild ohne Geschwindigkeitsinformation; I_{mask}: Binärbild von I_{MR} (Vordergrund = mit Wasser gefülltes Volumen); I_{vx}, I_{vy}, I_{vz}: Geschwindigkeitsfeld in x-,y- bzw. z-Richtung; I_{vm}: Geschwindigkeitsbetrag; I_{snr}: Signal-Rausch-Verhältnis; $I_{ve,z}$: abgeschätzte Geschwindigkeitsunsicherheit (z.B. von v_z).

4.3 Lineare Grauwertanpassung

Die Auswertung der Röntgentomogramme erfordert zusätzliche Vorverarbeitungsschritte. Wird eine Reihe von Röntgentomogrammen mit gleichen Parametern aufgenommen und rekonstruiert, so können Gebiete gleichen Materials unterschiedliche Grauwerte in den rekonstruierten Tomogrammen haben. Für eine vergleichende quantitative Auswertung der Tomogramme benötigen gleiche Materialien jedoch gleiche Grauwerte. Aus diesem Grund ist eine lineare Grauwertanpassung der Tomogramme notwendig, wie sie in der Arbeit von Günther [40] eingeführt wurde. Dieser Kalibrationsschritt wird dabei folgendermaßen ausgeführt: Im ersten Tomogramm, im Weiteren als Referenztomogramm bezeichnet, werden von zwei Materialien, welche möglichst großvolumig vorliegen sollten, die mittlere Grauwerte $I_{Ref,1}$ bzw. $I_{Ref,2}$ gemessen. Dieser Vorgang wird beim zu kalibrierenden Tomogramm mit den selben Materialien wiederholt, sodass man analog zum Referenztomogramm für die Materialien 1 und 2 I_1 und I_2 erhält. Die folgende Berechnungsvorschrift wird schließlich auf alle Voxel des zu kalibrierenden Tomogramms angewendet.

$$I_{neu}(X) = \frac{I_{Ref,2} - I_{Ref,1}}{I_2 - I_1} \cdot I(X) - \left(I_{Ref,1} - \frac{I_{Ref,2} - I_{Ref,1}}{I_2 - I_1} \cdot I_1 \right) \quad (4.6)$$

Dabei bezeichnet I_{neu} den neu berechneten Grauwert eines Voxels X, während I dem ursprünglichen Grauwert entspricht. Als Ergebnis dieser linearen Grauwertanpassung haben nicht nur die Materialien 1 und 2 gleiche mittlere Grauwerte in beiden Tomogrammen, sondern auch Materialien, deren mittlere Grauwerte verschieden von $I_{Ref,1}$ bzw. $I_{Ref,2}$ sind. Die mittleren Grauwerte von Material 1 $I_{Ref,1}$ bzw. 2 $I_{Ref,2}$ sollten möglichst am oberen bzw. unteren Ende des Histogramms des Bildes liegen. Wäre dies nicht der Fall, würden Grauwerte am Histogrammanfang bzw. -ende verhältnismäßig stark extrapoliert. In der vorliegenden Arbeit wurde jeweils die Schrumpfschlauchummantelung der Filter mit vergleichsweise geringem Grauwert sowie die PTFE Adapter der Filtrationszelle mit relativ hohem Grauwert zur Referenzierung benutzt.

4.4 Bildregistrierung

Das maßgebliche Ziel der Bildgebung des Tiefenfiltrationsprozesses ist in dieser Arbeit die Kombination der beiden Verfahren µCT und MRT. Grundlage für die Bildgebung sind jedoch unterschiedliche Messeffekte. Als Folge dessen stehen die Grauwerte je nach Bildgebungsverfahren für unterschiedliche Größen. Bei der µCT ist der resultierende Grauwert eines Voxels ein zum Schwächungskoeffizienten $\mu(x, y, z)$ proportionaler Wert. Im Falle der MRT wird der Grauwert des MR-Bildes $I_{MR}(x, y, z)$ von der Dichte an Wasserstoffkernen im Voxel bestimmt während bei den Bildern der Geschwindigkeitskomponenten I_{vj} mit $j \in \{x, y, z\}$ die Grauwerte für die Geschwindigkeit in [mm/s] stehen. So erzeugt ein hoher Anteil an Wasser im Voxel in den MR-Bildern hohe Grauwerte. In den Röntgentomogrammen hingegen hat Wasser aufgrund seiner geringeren Absorption von Röntgenstrahlen im Vergleich zu den Partikeln oder zur Keramik der Filter einen geringen Grauwert.
Zudem liegen verschiedene räumliche Auflösungen vor und die Orientierung der Filter in den CT- und MRT-Bildern variiert.
Infolgedessen müssen zwei Sets von dreidimensionalen Bildern (µCT: I_T, MRT: $I_{vj},\ j \in \{x, y, z\}$) hinsichtlich ihrer Dimension und Orientierung angepasst werden. Bei diesem speziellen Bildverarbeitungsverfahren der Bildregistrierung werden min-

destens[4] die 7 Freiheitsgrade Skalierung, 3 × Rotation und 3 × Translation berücksichtigt.
Im Rahmen dieser Arbeit wurde die frei verfügbare Software 3DSlicer, Version 4.5 [33] [1], zur Bildregistrierung verwendet. Angepasst wurden die MR-Bilder I_{vj}, da diese im Vergleich zu den CT-Bildern I_T, welche unverändert blieben, eine deutlich geringere räumliche Auflösung haben. Ein Informationsverlust der CT-Bilder wird somit vermieden. Eine Registrierung lief dabei nach dem folgenden Schema ab.

1. Zunächst wurden die MRT-Bilder linear skaliert, d. h. die Voxelgröße der MRT-Bilder wurde an jene der CT-Bilder angepasst. Der Skalierungswert kann wiederum leicht aus den bekannten Voxelkantenlängen beider Bildgebungsmodalitäten berechnet werden. Somit ist die Skalierung im vorliegenden Fall kein eigentlicher Freiheitsgrad.
2. Anschließend wurde das MR-Bild I_{MR} manuell an die CT-Bilder rotatorisch und translatorisch angepasst. Das Ergebnis ist eine Transformationsmatrix, welche im Sinne der Registrierung auf die Bilder der Geschwindigkeitskomponenten angewendet werden kann.

Die Ergebnisse der Bildregistrierung sind beispielhaft in Abb. 4.5 dargestellt. Da der Filter mit Wasser gesättigt ist und somit sowohl das MR-Bild I_{MR} als auch das CT-Bild I_0 das Porenvolumen vollständig abbildet, ist I_{MR} besonders zur Bestimmung der Transformationsmatrix geeignet. Die Bilder der Geschwindigkeitskomponenten hingegen bilden das Porenvolumen nur ungenügend ab, da der Voxelgrauwert der Geschindigkeit im Voxel in [mm/s] entspricht. Bei Geschwindigkeiten nahe null ist im entsprechenden Geschwindigkeitsbild der Voxelgrauwert ebenso nahe null.
Versuchsweise durchgeführte (semi-) automatische Registrierungsmethoden, wie z.B. die *Landmark*[5]-Registrierung, lieferten deutlich ungenauere Registrierungen. Der Aufwand solcher Registrierungsmethoden ist zudem durch die reproduzierbar zufriedenstellende Qualität der manuellen Registrierung nicht gerechtfertigt.
Bei der Registrierung ist es hilfreich, wenn Referenzobjekte vorhanden sind, welche sowohl in Röntgen- als auch Magnetresonanztomogrammen ein Messsignal erzeugen und somit deutlich sichtbar sind. Hierzu wurden bei allen relevanten Messungen drei über dem Umfang verteilte Kunststoffröhrchen an der Filtrationszelle angeklebt, wie in Abb. 4.5 durch weiße Pfeile gezeigt, welche vorher mit destilliertem Wasser gefüllt und an beiden Enden versiegelt wurden. Die Kunststoffröhrchen hatten einen Außendurchmesser von etwa $2\,\mathrm{mm}$ sowie einen Innendurchmesser von $1\,\mathrm{mm}$.

[4] Wird die Anwendung der Verzerrung eines Bildes notwendig, liegen mehr als 7 Freiheitsgrade vor.
[5] Registrierung basiert auf in beiden Bildern sichtbaren Orientierungspunkten (engl. *landmarks*).

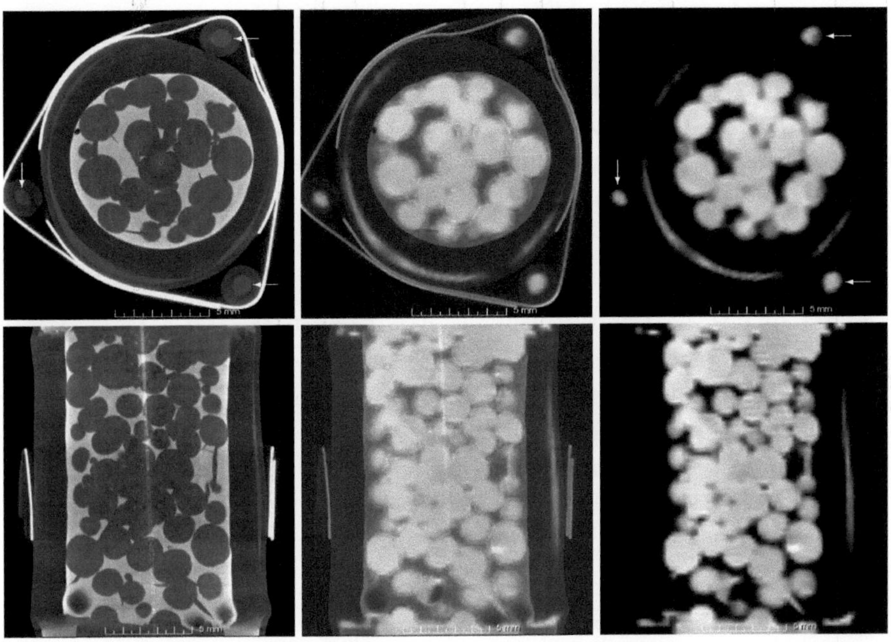

Abb. 4.5: Screenshots der Software 3DSlicer, welche das Ergebnis einer manuellen Bildregistrierung am Beispiel der Probe D20T10N5 zeigen. Das µCT-Bild I_0 (*links*) zeigt den Filter vor dem Partikeleintrag. *Rechts* ist das zugehörige MR-Bild I_{MR} dargestellt. Die *mittlere* Spalte zeigt eine überlagerte Darstellung beider Bilder. *Oben*: Radialer Querschnitt. Gut erkennbar in beiden Modalitäten sind die drei Referenzobjekte, welche durch rote Pfeile markiert sind. *Unten*: Axialer Querschnitt.

Für eine definierte räumlichen Orientierung waren jeweils zwei Kunststoffröhrchen vertikal und eines schräg angebracht.

4.5 Porensegmentierung und quantitative Bildanalyse

Im Anschluß an die Vorverarbeitung der Bilddaten wurde die inhaltliche Auswertung der Bilder durchgeführt. Ziel dieser Auswertung ist es, im Porennetzwerk der Filter individuelle Poren zu unterscheiden. Anschließend wurden für jede individuelle Pore physikalische Größen, wie die Reynoldszahl Re als Strömungskenngröße und der Volumenanteil an Partikeln c_p je Pore und Zeitschritt τ, bestimmt. Diese Informationen bilden die Grundlage der Datenanalyse in Kapitel 5.3.
Die Segmentierung einzelner Poren ist notwendig, da die Poren im Filter nicht räum-

lich voneinander getrennt, sondern miteinander verbunden sind. Die Grundlage der Segmentierung bildet die Watershed-Methode [11] [10]. Hierbei handelt es sich um eine gebräuchliche bildverarbeitende Methode, welche auch in zahlreichen anderen Arbeiten [8] [35] [88] auf vergleichbare Problemstellungen angewendet wird. Generell verlangt die Segmentierung aber mehrere Bildverarbeitungsschritte, welche im Folgenden, angepasst auf die vorliegende Problemstellung, aufgeführt und in Abb. 4.6 visualisiert werden.

1. Das CT-Bild der Filtrationszelle vor dem Partikeleintrag $I(\tau = 0) = I_0$ wird mit einem Medianfilter (elliptische Form, Radius = 3,5 Voxelkantenlänge) zur Rauschunterdrückung geglättet $I_0 \rightarrow I_{0,med}$. Analog wird mit den µCT-Bildern zu allen Zeitpunkten $\tau > 0$ verfahren $I_\tau \rightarrow I_{\tau,med}$. Rauschunterdrückung verursacht im Allgemeinen einen Verlust an Kantenschärfe. Im Vergleich zu anderen Methoden, bspw. der Verwendung eines arithmetischen Mittelwerts zur Bildglättung, stellt die Medianfilterung aber einen guten Kompromiss dar.
2. Binarisierung des kalibrierten, mediangefilterten Bildes $I_{0,med}$ mit Hilfe eines globalen, histogrammbasierten und auf alle Proben gleich angewandten Schwellwertes th_0 zu $I_{0,bin} = I_{0,med} < th_0$. Dem Vordergrund wird hierbei der Porenraum zugewiesen.
3. Anwendung der **E**uklidischen **D**istanz**t**ransformierten (EDT) $I_{0,bin} \rightarrow I_{0,edt}$. Dabei wird jedem Voxel des Vordergrunds ein neuer Wert zugeordnet, welcher der Distanz zum nächstgelegenen Hintergrundvoxel entspricht. Die Porenmittelpunkte stellen lokale Grauwertmaxima im erhaltenen Bild dar. Als geographische Entsprechung kann man sich das Ergebnis im zweidimensionalen Fall als „Berg-und-Tal-Landschaft“ vorstellen, wobei hohe Grauwerte, also Porenmittelpunkte, „Bergspitzen“ entsprechen.
4. Das erhaltene Bild muss schließlich invertiert werden $I_{0,edt} = \max(I_{0,edt}) - I_{0,edt}$. Dadurch sind die Porenmittelpunkte identisch mit lokalen Grauwertminima, bzw. „Tälern“ in der geographischen Entsprechung.
5. Anwendung der Watershed-Methode $I_{0,edt} \rightarrow I_{0,ws}$. Die im vorigen Schritt erhaltenen „Täler“ werden bei dieser Methode sukzessive „mit Wasser aufgefüllt“. Kommt es zur Vereinigung zweier benachbarter Wassermengen, so entsteht in der geographischen Entsprechung eine Wasserscheide (engl. *watershed*). Diese Wasserscheide bildet die Grenze zwischen beiden „Tälern“, welche mit der Porengrenze im Bild identisch ist. Das Ergebnis $I_{0,ws}$ ist ein Binärbild, dessen Vordergrund die Porengrenzflächen mit der Stärke von einer Voxelkantenlänge abbildet.

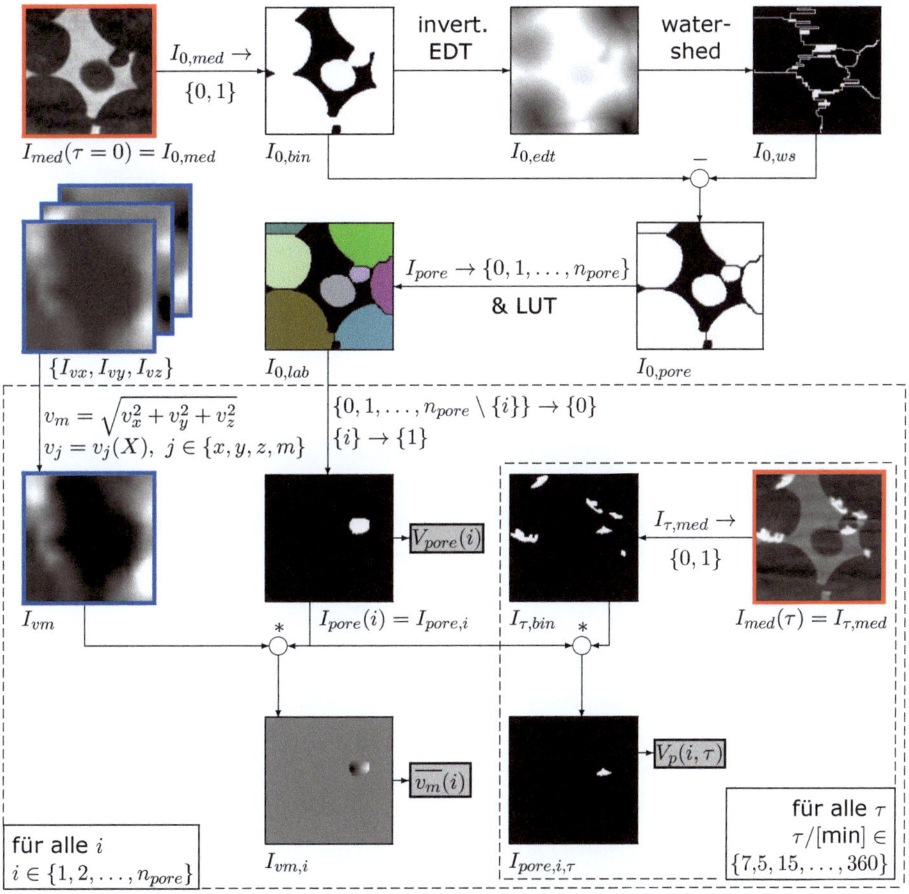

Abb. 4.6: Schema der Segmentierung einzelner Poren am Beispiel eines Filters. Die rot umrandeten Eingabedatensätze sind kalibrierte (s. Kap. 4.3), mediangefilterte µCT-Bilder. Die blau umrandeten Eingabedatensätze heben registrierte (s. Kap. 4.4) MRT-Bilder hervor. Zu berechnende Zielgrößen sind grau unterlegt.

6. Das segmentierte Poren-Bild $I_{0,pore}$ kann nun über eine einfache Subtraktion erhalten werden $I_{0,pore} = I_{0,bin} - I_{0,ws}$. Dabei werden Werte kleiner null per Definition gleich null gesetzt.

7. Kennzeichnung (engl. *label*) der Poren. Hierbei wird jeder segmentierten Pore ein ganzzahlig aufsteigender Grauwert zugeordnet. Der maximale Grauwert des gelabelten Bildes $I_{0,lab}$ entspricht der Anzahl der Poren n_{pore}. Zur Veranschaulichung des Ergebnisses kann das gelabelte Porenbild $I_{0,lab}$ mittels einer geeigneten LUT farbig dargestellt werden.

8. Unabhängig von den Schritten 1 – 7 wird aus den registrierten MR-Bildern der Geschwindigkeitskomponenten (I_{vx}, I_{vy}, I_{vz}) der Geschwindigkeitsbetrag nach Gleichung (4.3) gebildet. Dieser wird als Bild I_{vm} hinterlegt.

9. Die folgenden Schritte werden für alle Filtrationszeiten τ wiederholt:

   a) Binarisierung des kalibrierten, mediangefilterten Bildes $I_{\tau,med}$ mit Hilfe eines globalen Schwellwertes th zu $I_{\tau,bin} = I_{\tau,med} > th$. Unabhängig von der Filtrationszeit τ und von der Probe wurde ein konstanter Schwellwert verwendet. Dem Vordergrund wird hierbei die Partikelphase zugewiesen.
   Der Schwellwert wurde so festgelegt, dass das Material mit dem zweithöchsten Grauwert, die keramischen Filter, die Binarisierungsbedingung nicht erfüllen, gleichzeitig jedoch auch kleine Partikelanteile je Voxel mit vergleichsweise geringen Grauwerten binarisiert werden. Da die mittlere Partikelgröße mit $d_p \approx 0{,}85\,\mu\text{m}$ deutlich kleiner ist als die Voxelgröße der Röntgentomogramme von ca. $(20\,\mu\text{m})^3$, kann der Partikelanteil je Voxel nur qualitativ bestimmt werden. Aufgrund der Binarisierung wird Voxeln mit geringem Partikelanteil $I_{\tau,med} < th$ eine Konzentration von 0 % und Voxeln mit hohem Partikelanteil $I_{\tau,med} \geq th$ eine Konzentration von 100 % zugewiesen. Diese Vereinfachung wird in Kapitel 5.3.2 näher diskutiert.

   b) Die folgenden Schritte werden für alle Poren i wiederholt:

      i. Binarisierung des gelabelten Porenbildes $I_{0,lab}$. Dem Vordergrund des Ergebnisses $I_{pore}(i) = I_{pore,i}$ wird hierbei die Phase der Pore i zugeordnet. Das Porenvolumen ist die Summe aller Voxel $V_{pore}(i) = \sum\limits_X I_{pore,i}(X)$ je Pore.

      ii. Das registrierte MR-Bild des Geschwindigkeitsbetrags I_{vm} wird voxelweise mit dem Bild der Einzelpore $I_{pore,i}$ multipliziert $I_{vm,i} = I_{vm} * I_{pore,i}$. Als Ergebnis erhält man die auf die Pore i bezogene Verteilung des Geschwindigkeitsbetrags. Hiervon wird der arithmetische Mittelwert $\overline{v_m}$ berechnet $\overline{v_m}(i) = \sum\limits_X I_{vm,i}(X) / \sum\limits_X I_{pore,i}(X) = \sum\limits_X I_{vm,i}(X) / V_{pore,i}$.

iii. Die Bilder des Partikelvolumenanteils $I_{pore,i,\tau}$ je Pore i und Zeitschritt τ werden erzeugt, indem das Bild der Einzelpore $I_{pore,i}$ voxelweise mit dem binarisierten Partikelbild $I_{\tau,bin}$ multipliziert wird $I_{pore,i,\tau} = I_{\tau,bin} * I_{pore,i}$. Das Partikelvolumen in Voxeln zum Zeitpunkt τ in Pore i ergibt sich aus der Summe aller Voxelwerte $V_p(i,\tau) = \sum_X I_{pore,i,\tau}(X)$.

Weiterhin wird die Reynoldszahl Re, mit dem Porendurchmesser d_{pore} als charakteristischer Länge, je Pore berechnet. Diese Wahl wurde in Anlehnung an eine Rohrdurchströmung getroffen, bei der ebenfalls der Durchmesser als charakteristische Größe verwendet wird. Im Gegensatz zur laminaren Rohrdurchströmung verändert sich das Strömungsprofil in einer kugelförmigen Pore jedoch entlang der Strömungsrichtung aufgrund der Querschnittsveränderung. Die berechneten Reynoldszahlen sind damit als Vergleichswerte zu betrachten. Die absoluten Werte der Reynoldszahl sind nur bedingt aussagekräftig. Für einen kugeläquivalenten Durchmesser gilt

$$d_{pore} = \sqrt[3]{\frac{6}{\pi} \cdot V_{pore}} \cdot \text{Voxelkantenlänge} \ , \tag{4.7}$$

mit dem Volumen einer Einzelpore in Voxeln V_{pore}. Daraus ergibt sich eine Reynoldszahl je Pore von

$$Re = \frac{\overline{v_m} \cdot d_{pore}}{\nu} \ , \tag{4.8}$$

die mit dem gemittelten Betrag der Geschwindigkeit je Pore $\overline{v_m}$ in [m/s] berechnet wird. Für die kinematische Viskosität ν wurde der Wert von Wasser bei Raumtemperatur verwendet $\nu = 1 \cdot 10^{-6}\,\text{m}^2/\text{s}$. Der Volumenanteil an Partikeln je Pore und Zeitschritt $c_p(\tau)$ ergibt sich aus

$$c_p(\tau) = \frac{V_p(\tau)}{V_{pore}} \ . \tag{4.9}$$

Somit steht für jede Pore i als strömungstechnische Kenngröße die Reynoldszahl sowie zusätzlich zu jedem untersuchten Zeitpunkt τ der Volumenanteil an Partikeln c_p zur Verfügung.

4.6 Rendering und Visualisierung

Die röntgen- und magnetresonanztomographischen dreidimensionalen Bilder können zur besseren Visualisierung gerendert werden. Auch wenn dieser Bildverarbeitungsschritt im Sinne der wissenschaftlichen Bildauswertung keine neuen Informationen liefert, so illustriert das Rendern die Qualität der 3D-Bilder. Im Besonderen trifft dies auf die MRT-Bilder der Geschwindigkeitskomponenten I_{vx}, I_{vy}, I_{vz} zu. Mathematisch ausgedrückt ist das Geschwindigkeitsfeld ein Tensor – eine dreidimensionale Matrix gefüllt mit Geschwindigkeitsvektoren – welcher ohne zusätzliche Arbeitsschritte nur dann bildlich dargestellt werden kann, wenn dieser wie in Abb. 4.1 & 4.2 in die Vektorkomponenten zerlegt ist. Damit ist der Verlauf der Strömung allerdings nur unzureichend dargestellt. Aus der dreidimensionalen Verteilung der Geschwindigkeitsvektoren kann jedoch der Verlauf der Stromlinien berechnet werden. Diese lassen sich gerendert darstellen und vermitteln einen besseren optischen Eindruck der Strömung im Filter als die entsprechenden Bilder der Geschwindigkeitskomponenten I_{vx}, I_{vy}, I_{vz}. Ein Beispiel für den mittels Stromlinien visualisierten Strömungsverlauf zeigt die Abbildung 4.7. Die Berechnung und das Rendern der Stromlinien erfolgte mit der frei verfügbaren Software ParaView, Version 5.2 (Kitware Inc., LANL & SNL, USA [5] [89]). Zum einen zeigt die Abbildung 4.7 einen Überblick über die Geschwindigkeitsverteilung der Strömung im Filter und zum anderen wird die Güte der Messmethode ersichtlich. Ein stark verrauschtes Signal würde keine gerichteten Stromlinien zeigen.

Auch ein Eindruck der Form und Beschaffenheit der Partikelabscheidungen sowie die Topologie des Filters lässt sich anhand gerenderter Darstellungen leicht gewinnen. In Abbildung 4.8 ist das gerenderte axiale Schnittbild eines Filters dargestellt. Ebenfalls sichtbar sind die Partikelablagerungen zu unterschiedlichen Zeitpunkten. Im Gegensatz zu Abbildung 4.7 wurde zum Rendern die kommerzielle Software VG-Studio MAX, Version 2.1 (Volume Graphics, Deutschland [108]) verwendet, da das Volumenrendering hier leistungsfähiger ist. Stromlinien können mit dieser Software jedoch nicht berechnet und gerendert werden.

4.7 Zusammenfassung

Die mittels µCT und MRT aufgenommenen Datensätze liegen als dreidimensionale Bilder $I(x, y, z)$ vor. Das Ergebnis einer röntgentomographischen Untersuchung an einem Filter sind Grauwertbilder, welche den Filter sowie die Partikelabscheidungen zu unterschiedlichen diskreten Zeitpunkten abbilden.

Bei der MRT wird das Vektorfeld der Geschwindigkeit abgebildet, indem jede Geschwindigkeitskomponente in einem dreidimensionalen Grauwertbild hinterlegt ist. Die Grauwerte stehen in beiden Fällen für unterschiedliche physikalische Größen. Im Fall der µCT ist der Grauwert proportional dem Schwächungskoeffizienten. Bei den mittels MRT gemessenen Geschwindigkeitsfeldern steht der Grauwert für den Betrag und das Vorzeichen der jeweiligen Geschwindigkeitskomponente.

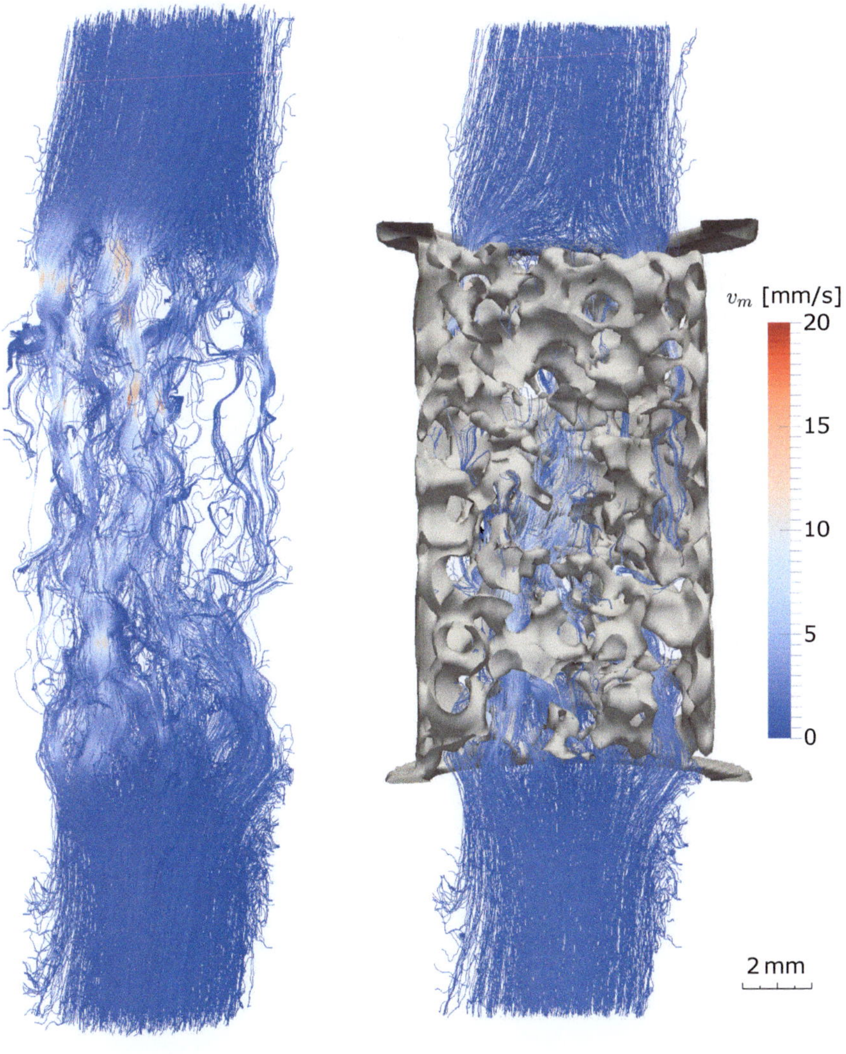

Abb. 4.7: *Links*: Gerenderte Darstellung von Stromlinien am Beispiel der Probe D20T10N5. Die Farbe der Stromlinien entspricht dem lokalen Geschwindigkeitsbetrag. *Rechts*: Darstellung als Schnittbild zusammen mit dem gerenderten µCT-Bild I_0 des Filters (grau) vor Partikeleintrag.

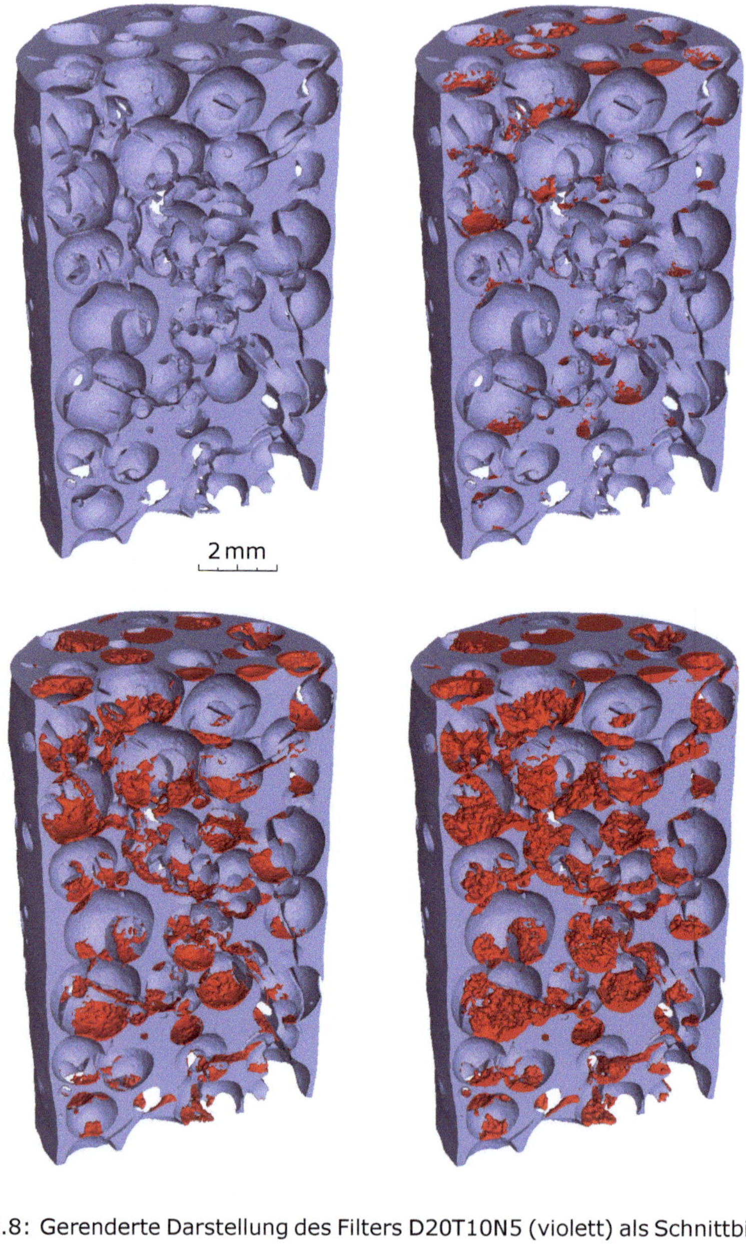

Abb. 4.8: Gerenderte Darstellung des Filters D20T10N5 (violett) als Schnittbild. *Von links oben nach rechts unten* sind die Partikelabscheidungen (rot) mit fortschreitender Filtrationszeit $\tau = \{0{,}15{,}60{,}240\}$ min dargestellt.

Die Orientierung der abgebildeten Filtrationszelle ist in den Bilddatensätzen beliebig und muss angeglichen werden. Dieser Vorgang, Bildregistrierung genannt, wird im Rahmen dieser Arbeit mit geeigneter Software manuell durchgeführt.

Um im folgenden Kapitel die Auswertung der untersuchten Tiefenfiltrationsprozesse auf Grundlage einzelner Poren durchzuführen, wurde zudem eine Abfolge von Bildverarbeitungsschritten zur Segmentierung der Poren beschrieben. Als Ergebnis erhält man den Porendurchmesser $d_{pore}(i)$ je Pore i und Probe. Aus den röntgentomographischen Datensätzen wird der Volumenanteil an Partikeln $c_p(\tau, i)$ je Pore i und Zeitschritt τ bestimmt, während aus den magnetresonanztomographischen Bildern die Reynoldszahl $Re(i)$ je Pore i als Strömungskenngröße berechnet wird.

5 Ergebnisse

In diesem Kapitel sollen die mit den bildgebenden Methoden erhaltenen Ergebnisse der Filtrationsmessungen vorgestellt und diskutiert werden. Dabei wird zunächst die räumliche Verteilung der Partikelablagerungen im Filter sowie speziell in den Poren untersucht. In diesem Zusammenhang wird auch der Einfluss der Porengröße des Filters auf die Partikelablagerung betrachtet. Die Auswertung dieser Informationen basiert ausschließlich auf röntgentomographischen Messergebnissen.
Anschließend wird der Einfluss der lokalen Geschwindigkeit auf die Partikelablagerungen ausgewertet. Es wird zunächst die Güte der magnetresonanztomographischen Geschwindigkeitsmessung bewertet. Auf Basis der kombinierten Betrachtung des Geschwindigkeitsfeldes (MRT) und der Partikelablagerungen (μCT) werden anschließend grundlegende Wechselwirkungen des Tiefenfiltrationsprozesses diskutiert.

5.1 Auswertung der Partikelablagerungen

5.1.1 Partikelablagerungen im Filter in axialer Richtung

Die in Kapitel 2.1.2 vorgestellten Theorien besagen, dass der Volumenanteil abgelagerter Partikel c_p exponentiell in Hauptströmungsrichtung abnimmt. Die vermessenen Tiefenfiltrationsprozesse werden in diesem Kapitel mit dieser theoretischen Vorhersage verglichen.
Dabei kann der Volumenanteil abgelagerter Partikel $c_p(z, \tau)$ auf zwei unterschiedliche Weisen dargestellt werden. Die intuitivste Variante ist eine Mittlung der Partikelkonzentration in den jeweiligen xy-Ebenen. Die zweite Variante besteht darin, den Volumenanteil abgelagerter Partikel je Pore nach Gleichung (4.9) über der z-Komponente des Porenmittelpunkts aufzutragen. Beide Varianten sind prinzipiell aber gleichwertig.

1. Mittelung der Konzentration $c_p(z, \tau)$ je Schnittbild $I_{\tau,bin}(z)$ gemäß

$$c_p(z, \tau) = \frac{\sum\limits_{x=1}^{n_x} \sum\limits_{y=1}^{n_y} I_{\tau,bin}(x, y, z)}{\sum\limits_{x=1}^{n_x} \sum\limits_{y=1}^{n_y} \left(I_{0,bin}(x, y, z) + I_{0,bin}(x, y, z)^{\mathrm{C}}\right)}, \tag{5.1}$$

wobei n_x bzw. n_y die Bildabmessungen in der jeweiligen Richtung darstellen.

Der Partikelanteil wird sinnvollerweise auf den Flächenanteil des Filters im jeweiligen Schnittbild bezogen. Dieser setzt sich aus dem Anteil der Poren $I_{0,bin}$ sowie dem Anteil des Filters $I_{0,bin}{}^{\mathrm{C}}$ zusammen. Letzterer stellt das Komplement des binarisierten Porenvolumens ohne die den Filter umgebenden Materialien dar.

2. Auftragung des Partikelvolumenanteils je Pore nach Gleichung (4.9) über der Position des Porenzentrums in z-Richtung. Der geometrische Mittelpunkt $X_{pore}(i)$ einer Pore i berechnet sich aus dem arithmetischen Mittel aller zum Vordergrund des binarisierten Bildes der Pore $I_{pore,i}$ (s. Abb. 4.6) gehörenden Voxel gemäß

$$X_{pore}(i) = \begin{pmatrix} x \\ y \\ z \end{pmatrix}_{pore} = \frac{1}{V_{pore}(i)} \sum X \,, \; \forall \; X \in \{X \mid I_{pore,i}(X) = 1\} \,, \tag{5.2}$$

wobei die Anzahl der Voxel je Pore nach $V_{pore}(i) = \sum_X I_{pore,i}(X)$ berechnet wird. Es wird hier lediglich die z-Komponente $z_{pore}(i)$ benötigt.

Das Ergebnis am Beispiel der Probe D20T10N4 ist in Abbildung 5.1 dargestellt. Die erste Variante der Darstellung ist hierbei links, die zweite Variante rechts abgebildet. Der Partikelanteil ist in allen Diagrammen logarithmisch dargestellt, wobei das obere Ende der Ordinate einem Partikelvolumenanteil von 100 % entspricht. In der Variante ohne Normierung auf das Porenvolumen kann dieser Wert nicht erreicht werden, da der Partikelanteil durch die Porosität von etwa 70 % begrenzt wird. In der zweiten Darstellungsweise werden individuelle Poren betrachtet, sodass Partikelfüllgrade von 100 % hier hingegen möglich sind. Der Partikelanteil wird in beiden Fällen über der dimensionslosen axialen Position z/H (0...Filtereintritt, 1...Filteraustritt) aufgetragen.

Die Regressionsgeraden in der logarithmischen Darstellung verdeutlichen, dass die Messpunkte jeweils um eine in positive z-Richtung abfallende Gerade verteilt sind. Da exponentielle Funktionen in logarithmischer Darstellung die Form einer Geraden annehmen, folgen die Verläufe der Partikelvolumenanteile, wie auch von der CFT vorhersagt, einer exponentiell abfallenden Funktion. Darüber hinaus zeigen die in Abbildung 2.5 dargestellten Konzentrationsprofile eine qualitative Übereinstimmung mit den Untersuchungen von Günther [40].

Die qualitativen Verläufe der Partikelanteile in z-Richtung der Probe D20T10N4 sind repräsentativ für alle untersuchten Filter mit einem mittleren Porendurchmesser von $d_{pore} = 2\,000\,\mu\mathrm{m}$. Ein quantitativer Vergleich zwischen verschiedenen Filtern wird in Kapitel 5.1.3 vorgenommen.

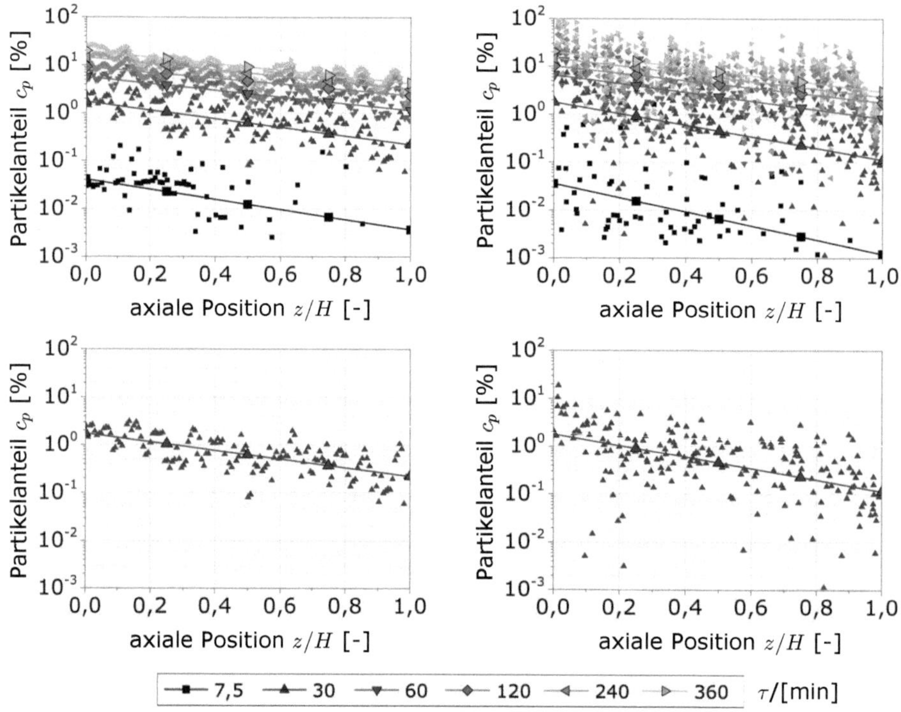

Abb. 5.1: Der logarithmisch dargestellte Verlauf des Volumenanteils abgelagerter Partikel $c_p(z)$ aufgetragen über der auf die Probenhöhe H normierten axialen Richtung z am Beispiel der Probe D20T10N4. *Links*: nach Variante 1 (pro Schnittbild, wobei aus Gründen der Übersichtlichkeit nur jeder 5. Datenpunkt abgebildet wurde). *Rechts*: nach Variante 2 (pro Pore). Ebenfalls dargestellt sind die auf Basis der logarithmierten Daten bestimmten Regressionsgeraden. *Oben*: Darstellung aller untersuchten Filtrationszeiten τ. *Unten*: Auszug ($\tau = 30\,\text{min}$) zur besseren Übersicht.

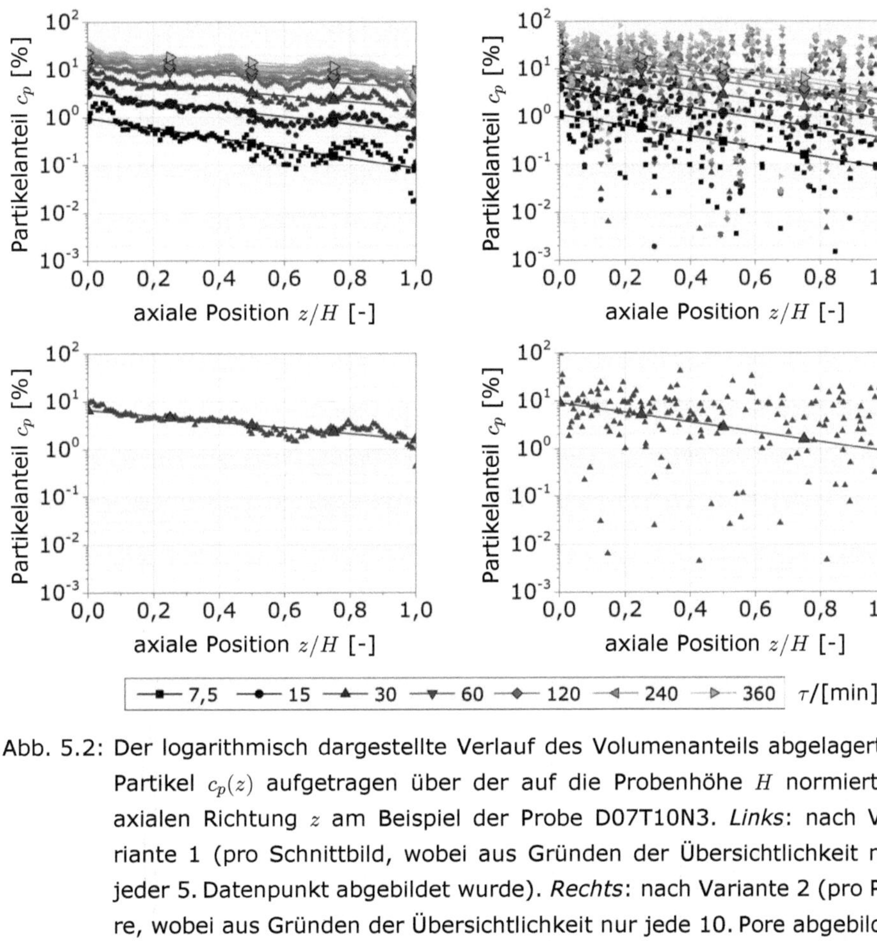

Abb. 5.2: Der logarithmisch dargestellte Verlauf des Volumenanteils abgelagerter Partikel $c_p(z)$ aufgetragen über der auf die Probenhöhe H normierten axialen Richtung z am Beispiel der Probe D07T10N3. *Links*: nach Variante 1 (pro Schnittbild, wobei aus Gründen der Übersichtlichkeit nur jeder 5. Datenpunkt abgebildet wurde). *Rechts*: nach Variante 2 (pro Pore, wobei aus Gründen der Übersichtlichkeit nur jede 10. Pore abgebildet wurde). Ebenfalls dargestellt sind die auf Basis der logarithmierten Daten bestimmten Regressionsgeraden. *Oben*: Darstellung aller untersuchten Filtrationszeiten τ. *Unten*: Auszug ($\tau = 30\,\text{min}$) zur besseren Übersicht.

Im Vergleich dazu zeigt Abb. 5.2 die axialen Verläufe der Partikelablagerungen eines Filters mit einem mittleren Porendurchmesser $d_{pore} = 700\,\mu m$. Als repräsentatives Beispiel dient hier die Probe D07T10N3. Qualitativ stimmen die Verläufe mit denen der Probe D20T10N4 überein. Im Unterschied dazu ist die Variante 2, also die Darstellung des Partikelanteils je Pore, aufgrund eines kleineren Porenvolumens, über dem der Partikelanteil gemittelt, hier jedoch nicht zur Visualisierung des exponentiell abklingenden Partikelanteils geeignet. Je kleiner dieses Volumen gewählt wird, umso größer wird die Varianz der gemittelten Größe.

5.1.2 Charakteristika der Partikelablagerung in den Poren

In den folgenden Abschnitten sollen Merkmale der Partikelablagerung in einzelnen Poren, welche eine Einheitszelle innerhalb des Filters darstellen, untersucht werden. Von Interesse sind dabei die Position der Ablagerungen innerhalb einer Pore und die zeitliche Änderung der Partikelkonzentration je Pore.

Position der Partikelablagerungen je Pore

Um zu klären wo innerhalb einer Pore sich die Partikel ablagern, wurde zunächst der geometrische Mittelpunkt der Partikelablagerungen je Pore i und Zeitpunkt τ ermittelt. Diese Partikelablagerungen sind die Menge aller Voxel, welche den Vordergrund von $I_{pore,i,\tau}$ (s. Abb. 4.6) bilden. Das Volumen der Partikelablagerungen entspricht $V_p(i,\tau) = \sum\limits_{X} I_{pore,i,\tau}(X)$. Der geometrische Mittelpunkt der Partikelablagerungen $X_p(i,\tau)$ wird aus dem arithmetischen Mittel der Koordinaten aller in dieser Menge enthaltenen Voxel gebildet.

$$X_p(i,\tau) = \begin{pmatrix} x \\ y \\ z \end{pmatrix}_p = \frac{1}{V_p(i,\tau)} \sum X \,, \ \forall \ X \in \{X \mid I_{pore,i,\tau}(X) = 1\} \tag{5.3}$$

Anschließend wurde der Vektor zwischen Partikel- $X_p(i,\tau)$ und Porenmittelpunkt $X_{pore}(i)$ nach Gleichung 5.2 berechnet, wie auch in Abb. 5.3 schematisch gezeigt.

$$\bar{X}_p(i,\tau) = \begin{pmatrix} \bar{x} \\ \bar{y} \\ \bar{z} \end{pmatrix}_p = X_p(i,\tau) - X_{pore}(i) \tag{5.4}$$

Da die Größe der Poren eines Filters normalverteilt ist, wird $\bar{X}_p$ zur besseren Vergleichbarkeit dimensionslos dargestellt, indem es mit dem Porenradius $r_{pore} = d_{pore}/2$ normiert wird, wobei sich d_{pore} nach Gleichung (4.7) berechnet. Demnach ergeben sich für jede Pore drei normierte Koordinaten, welche prinzipiell im Intervall [-1,1] liegen können. Die Poren in realen Filtern sind nicht perfekt sphärisch, sodass der Vektor zwischen Partikel- und Porenmittelpunkt auch größer als der Porenradius sein kann. Werte außerhalb des Bereichs [-1,1] sind somit möglich, statistisch jedoch vernachlässigbar.

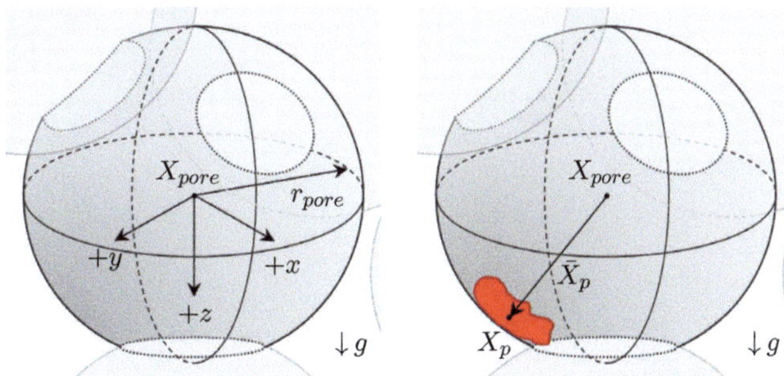

Abb. 5.3: Koordinatensystem in einer schematischen Pore. Partikelablagerungen sind rot dargestellt.

Die Häufigkeitsverteilung der normierten Mittelpunkte der Partikelabscheidungen aller Poren wird am Beispiel der repräsentativen Proben D07T10N1 und D20T10N1 in Abbildung 5.4 für alle untersuchten Zeitschritte τ dargestellt.
Die Häufigkeitsverteilungen der x- und y-Komponente sind bei beiden Proben zu allen Zeiten τ um den Mittelwert $\bar{x}_p/r_{pore} = 0$ bzw. $\bar{y}_p/r_{pore} = 0$ normalverteilt. Dies ist plausibel, da beide Komponenten senkrecht zur Hauptströmungsrichtung liegen und somit keine Vorzugsrichtung zu erwarten ist.
In z-Richtung bedeuten positive Werte ($\bar{z}_p/r_{pore} > 0$), dass die Partikel mehrheitlich in Hauptströmungsrichtung unterhalb des Porenmittelpunktes abgelagert sind. Negative Werte ($\bar{z}_p/r_{pore} < 0$) entsprechen Partikelablagerungen, welche mehrheitlich in der oberen Hemisphäre der Pore vorhanden sind. Die Häufigkeitsverteilungen zeigen, dass der geometrische Mittelpunkt der Partikelablagerungen nahezu ausschließlich in der unteren Hemisphäre der Poren liegt. Demnach werden Partikel hauptsächlich deswegen im Filter zurückgehalten, weil sie sich am Porenboden ablagern.
Dies lässt den Schluss zu, dass die Mechanismen Diffusion und Interception nur einen geringfügigen Einfluss haben, da diese gleichermaßen im oberen wie unteren Teil einer Pore Partikel zur Porenwand transportieren. Als hauptsächlicher Wirkmechanismus für den Partikelantransport könnte demnach Sedimentation gelten. Ebenfalls möglich ist, dass die Partikel in der oberen Porenhälfte zwar durch Diffusi-

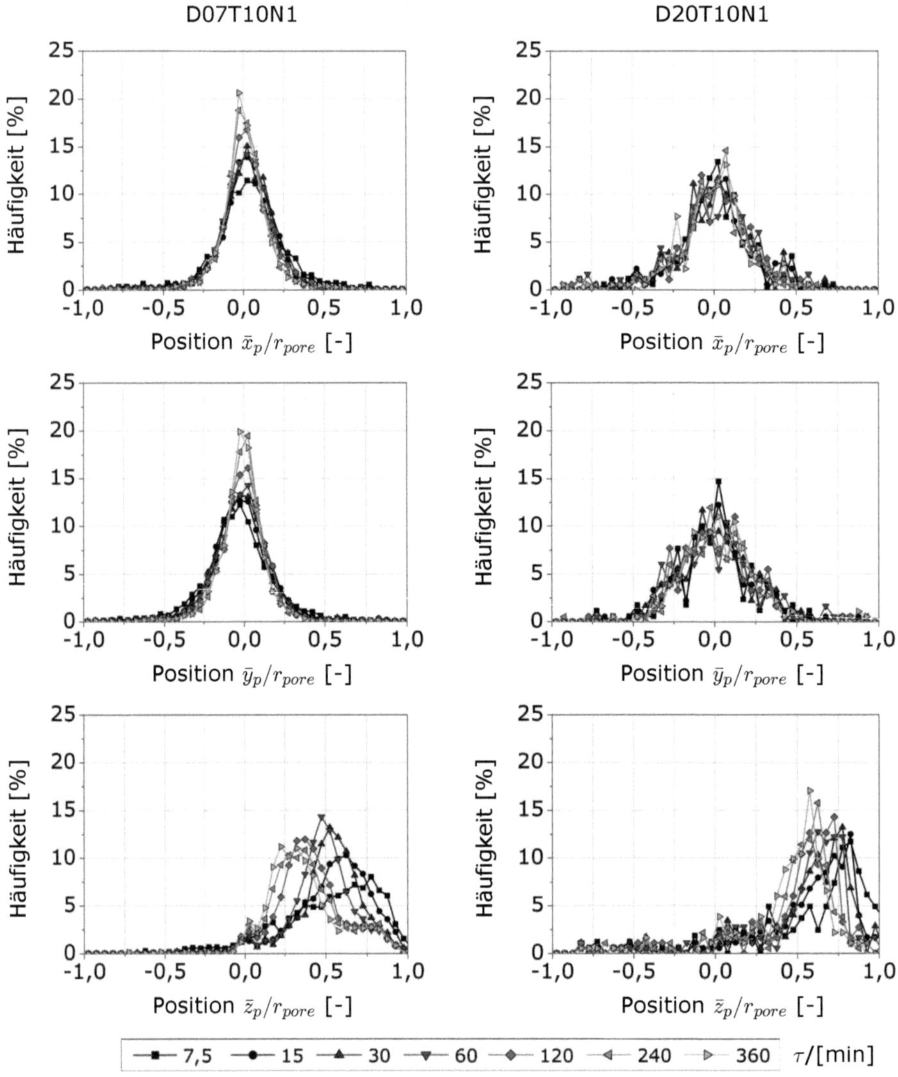

Abb. 5.4: Die anzahlbezogene Häufigkeitsverteilung der geometrischen Mittelpunkte der Partikelablagerung je Pore und Zeitschritt wird beispielhaft an den zwei Proben D07T10N1 (*links*) und D20T10N1 (*rechts*) dargestellt. Aufgetragen sind jeweils die $\bar{x}$- (*oben*), $\bar{y}$- (*mittig*) und $\bar{z}$-Komponenten (*unten*) des Vektors zwischen Porenmittelpunkt und Mittelpunkt der Partikelablagerungen. Die Komponenten sind normiert auf den jeweiligen Porenradius r_{pore}.

on und Einfangen an die Filterwand transportiert werden, dort aber aufgrund elektrostatischer Abstoßung eine Partikelablagerung ausbleibt. Am Porenboden wiederum könnten Partikel aufgrund einer stabilen Position bzgl. ihrer potentiellen Energie dennoch zurückgehalten werden. Zwei Poren im Filter D20T10N1 sind beispielhaft in Abbildung 5.5 nach den zwei Filtrationszeiten $\tau = 30\,\text{min}$ bzw. $\tau = 120\,\text{min}$ dargestellt. Es ist deutlich zu erkennen, dass die Partikel in diesen Poren vorwiegend in der jeweils unteren Hemisphäre zurückgehalten wurden.
Aufgrund der mit der Filtrationszeit zunehmenden Partikelbeladung des Filters verschieben sich in Abbildung 5.4 die Häufigkeitsverteilungen der z-Komponente des Partikelmittelpunkts zum Porenmittelpunkt hin.

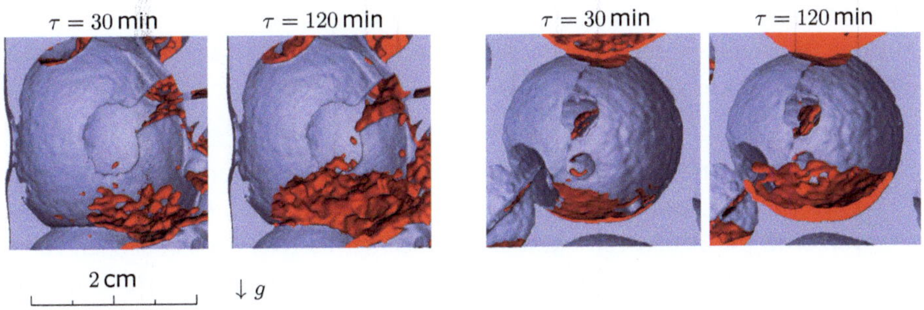

Abb. 5.5: Gerenderte Schnittansicht von Partikelablagerungen (rot) im Filter (violett) D20T10N1 am Beispiel zweier verschiedener Poren nach den Filtrationszeiten $\tau = 30\,\text{min}$ bzw. $\tau = 120\,\text{min}$.

Zeitabhängigkeit der Partikelablagerungen je Pore

Um die zeitliche Änderung des abgeschiedenen Partikelvolumens zu untersuchen, bietet sich auch hier eine Auswertung auf Basis des porenbezogenen Partikelanteils an. Die zeitliche Änderung des Partikelanteils wird dabei in diskreten Schritten gemäß den untersuchten Filtrationszeiten berechnet und auf die entsprechende Differenz der Filtrationszeitschritte normiert

$$\frac{\Delta c_p}{\Delta \tau} = \frac{c_p(\tau(t)) - c_p(\tau(t-1))}{\tau(t) - \tau(t-1)} \cdot 60\,\frac{\text{min}}{\text{h}}\,, \quad \text{mit } t \in \mathbb{N}\,, \tag{5.5}$$

wobei eine Umrechnung auf die Einheit [%/h] erfolgt. Für eine Aussage im Bezug auf den ganzen Filter ist es erneut erforderlich die Statistik dieser zeitlichen Änderung des Partikelanteils $\Delta c_p / \Delta \tau$ zu analysieren. Das Ergebnis wird an vier repräsentativen Proben in Abbildung 5.6 ($\bar{d}_{pore} = 700\,\mu\text{m}$) und Abbildung C.4 ($\bar{d}_{pore} = 2\,000\,\mu\text{m}$) beispielhaft dargestellt. Die logarithmisch aufgetragene Änderung des Partikelanteils aller Poren eines Filters zwischen zwei röntgentomographisch festgehaltenen

Zeitschritten ergibt dabei einen Kurvenverlauf in den abgebildeten Häufigkeitsverteilungen.

Die Häufigkeitsverteilungen für Proben mit kleinem Porendurchmesser in Abbildung 5.6 zeigen deutlich ausgeprägtere Kurvenzüge. Der Grund hierfür ist die vom Porendurchmesser abhängige Anzahl an Poren je Volumen. Filter mit einem mittleren Porendurchmesser von $\bar{d}_{pore} = 2\,000\,\mu\mathrm{m}$ bestehen aus nur ca. 300 Poren. Für eine aussagekräftige statistische Auswertung kann die zeitliche Änderung des Partikelanteils je Pore nicht in genügend Klassen unterteilt werden. Dennoch kann festgestellt werden, dass die Häufigkeitsverteilungen von Filtern mit gleicher Porengrößenverteilung sowohl qualitativ als auch quantitativ übereinstimmen.
Aus den Diagrammen der Filter mit kleinerem Porendurchmesser können folgende interessante Rückschlüsse gezogen werden:

- Die zeitliche Änderung des Partikelanteils ist bei allen untersuchten Filtrationszeiten für den überwiegenden Teil der Poren größer null. Ab einem Zeitpunkt von etwa $\tau \approx 30\,\mathrm{min}$ verringert sich jedoch der Partikelanteil in einigen Poren, was in Abbildung 5.6 durch negative $\frac{\Delta c_p}{\Delta \tau}$ in den Häufigkeitsverteilungen gezeigt wird.
  Dies zeigt, dass die abgelagerten Partikel nicht dauerhaft an andere abgelagerte Partikel oder den Filter gebunden sein müssen. Als mögliche Ursache einer Verringerung des Partikelanteils kommt eine Änderung des Geschwindigkeitsfeldes in Frage, welche wiederum durch die Partikelablagerungen selbst verursacht wird. Um diese Charakteristik mit Gleichung (2.10) zu beschreiben, muss demnach in der DGL der Resuspensionsterm berücksichtigt werden.
  Möglich ist aber auch, dass sich suspendierte Partikel beim Ausschalten der Strömung in einer Pore ablagern. Nach dem CT-Scan, wenn die Strömung wieder angeschaltet wird, könnten diese Partikel abtransportiert werden und zu der beobachteten Verringerung des Partikelanteils in dieser Pore führen.

- Die Breite der Häufigkeitsverteilung ist von der Filtrationszeit τ abhängig. So ist die Häufigkeitsverteilung der zeitlichen Änderung des Partikelanteils zu Beginn des Filtrationsprozesses $(0 \rightarrow 7{,}5)\,\mathrm{min}$ zunächst zu kleinen Änderungen verschoben. Die darauffolgenden Zeitschritte bis $\tau = 60\,\mathrm{min}$ zeigen nahezu identische Häufigkeitsverteilungen, bei welchen großen Änderungen des Partikelanteils deutlich häufiger vertreten sind. Zu späteren Filtrationszeiten τ sinkt der Anteil großer Änderungen des Partikelanteils wieder.
  Dieses Verhalten macht deutlich, dass Messungen in den ersten Minuten des

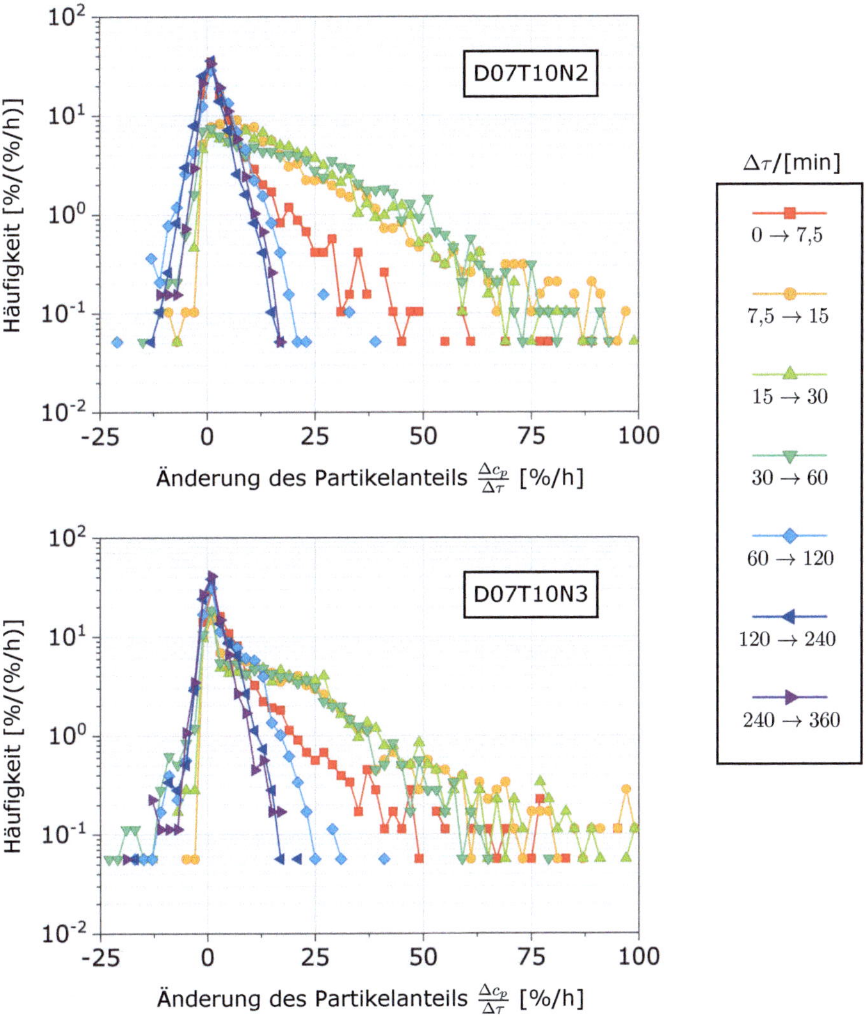

Abb. 5.6: Die anzahlbezogene Häufigkeitsverteilung der Änderung des Partikelanteils je Pore und Stunde $\Delta c_p/\Delta\tau$ wird beispielhaft an den zwei Proben D07T10N2 (*oben*) und D07T10N3 (*unten*) mit $\bar{d}_{pore} \approx 700\,\mu\text{m}$ dargestellt. Die zeitliche Änderung des Partikelanteils $\Delta c_p/\Delta\tau$ ist abhängig von der Filtrationszeit τ.

Filtrationsprozesses nicht repräsentativ sind. Zum einen deshalb, weil die Suspension zunächst durch die Zuleitung gepumpt werden muss. Nach einer konservativen Abschätzung wird hierfür allerdings nur etwa eine halbe Minute benötigt. Zum anderen ist es möglich, dass die Effizienz der Partikelablagerung nach änfänglicher Partikelabscheidung zunimmt, da die Partikelablagerungen zur Vergrößerung der Rauigkeit und Oberfläche der Poren beitragen.
Zu großen Filtrationszeiten hin lagern sich zeitbezogen weniger Partikel ab, da der Filter zunehmend mit Partikeln gesättigt ist. Dies entspricht der Erwartungshaltung [103]. Interessant ist in diesem Zusammenhang vielmehr der Zeitpunkt, ab welchem sich die Effizienz der Partikelrückhaltung im Filter verringert. Dies geschieht etwa ab $\tau = 60\,\text{min}$. Für eine verallgemeinerungsfähige Aussage bei einer gegebenen Konzentration von Partikeln in der Suspension $c_{l,0}$ ist eine dimensionslose Formulierung erforderlich, die getroffen werden kann, indem man das durchströmte Volumen bis zum Zeitpunkt τ mit dem Porenvolumen im Filter $V_\varepsilon = \frac{\pi}{4} D^2 H \varepsilon$ ins Verhältnis setzt. Dieses Verhältnis $N_V = \frac{\dot{V} \cdot \tau}{V_\varepsilon}$ drückt aus, wie oft das Volumen im Filter bis zum Zeitpunkt τ ersetzt wurde. Die Verringerung der Effizienz der Partikelrückhaltung nach circa $\tau = 60\,\text{min}$ erfolgt also etwa nach der 600-fachen Auswechslung des Porenvolumens der Filter D07T10N2/N3. Eine vollständige Sättigung wird im untersuchten Zeitbereich nicht erreicht. Diese würde sich in den Häufigkeitsverteilungen als symmetrischer Verlauf darstellen. In diesem Fall wären Partikelablagerung und -resuspension im Gleichgewicht.

5.1.3 Parametervariation des Filters

Es wurden Filter mit zwei verschiedenen mittleren Porengrößen $d_{pore} = 700\,\mu\text{m}$ und $d_{pore} = 2\,000\,\mu\text{m}$ verwendet, um den Einfluss der Porengröße auf den Tiefenfiltrationsprozess zu untersuchen. Der Anteil abgelagerter Partikel $c_p(\tau)$ im gesamten Filtervolumen wird über der Filtrationszeit τ aufgetragen (s. Abb. 5.7). Da der Anteil abgelagerter Partikel in axialer Richtung exponentiell abfällt, muss in dieser Richtung die gleiche Höhe untersucht werden. In den Experimenten variierte die Filterhöhe jedoch. Um eine Vergleichbarkeit zu gewährleisten, wurde die minimale Probenhöhe h_{min} der verglichenen Filter bestimmt und die Auswertung am Filtereintritt z_0 beginnend im Bereich $z = z_0 \ldots (z_0 + h_{min})$ durchgeführt.

$$c_p(\tau) = \frac{\sum\limits_{x=1}^{n_x} \sum\limits_{y=1}^{n_y} \sum\limits_{z=z_0}^{z_0+h_{min}} I_{\tau,bin}(x,y,z)}{\sum\limits_{x=1}^{n_x} \sum\limits_{y=1}^{n_y} \sum\limits_{z=z_0}^{z_0+h_{min}} \left(I_{0,bin}(x,y,z) + I_{0,bin}(x,y,z)^{\mathsf{C}}\right)} \tag{5.6}$$

$$= \frac{\sum\limits_{x=1}^{n_x} \sum\limits_{y=1}^{n_y} \sum\limits_{z=z_0}^{z_0+h_{min}} I_{\tau,bin}(x,y,z)}{\frac{\pi}{4}\left(\frac{D}{\text{Voxelkantenlänge}}\right)^2 h_{min}} \tag{5.7}$$

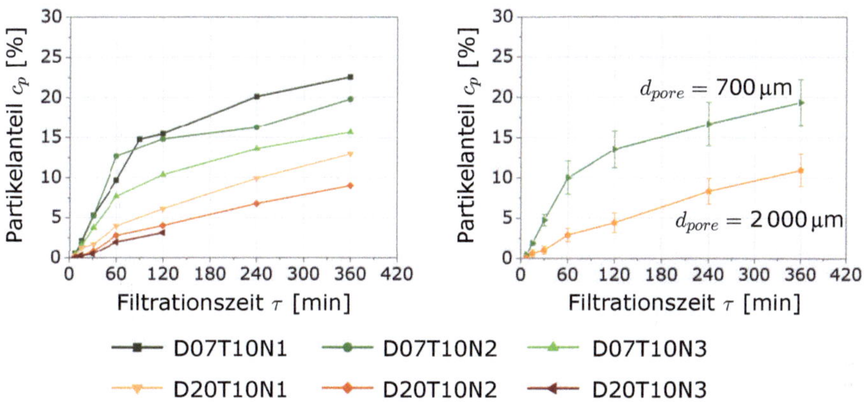

Abb. 5.7: Partikelanteil c_p in verschiedenen Filtern aufgetragen über der Filtrationszeit τ. *Links*: einzelne Verläufe. *Rechts*: gemittelte Verläufe.

Je mittlerem Porendurchmesser wurden jeweils drei Proben miteinander verglichen (D07T10N1...N3, D20T10N1...N3) um zu untersuchen inwiefern die Wiederholbarkeit der Ergebnisse mit Filtern mit gleichen Parametern möglich ist. Bei diesen Proben war der aufgeprägte Volumenstrom sowie die verwendete Partikelkonzentration $c_{l,0}$ jeweils gleich. Bei allen übrigen Proben wurde entweder ein anderer Volumenstrom verwendet (D20T10N4...N6) oder die untersuchte Filtrationsdauer war deutlich kürzer (D07T10N4, siehe auch Tabelle 3.3). Die Partikelablagerung im Filter wurde röntgentomographisch bis zu einer Filtrationsdauer von $\tau = 360\,\text{min}$ abgebildet. Lediglich bei der Probe D20T10N3 wurden die Tomogramme ab $\tau > 120\,\text{min}$ aufgrund von Lufteintrag nicht ausgewertet. Außerdem wurde der Filter D07T10N1 zusätzlich bei $\tau = 90\,\text{min}$ tomographiert.

In Abbildung 5.7 (links) werden die Verläufe des Gesamtvolumenanteils der Partikel in den Filtern gezeigt. Die Verläufe von Proben mit gleichen Parametern wurden gemittelt und sind in Abb. 5.7 rechts dargestellt. Die Fehlerbalken der gemittelten Kurven ergeben sich aus der Standardabweichung der einzelnen Verläufe. Es zeigt sich, dass die Verläufe abgelagerter Partikel bei Filtern mit gleichen Parametern um maximal ca. 25 % vom gemittelten Kurvenverlauf abweichen. Damit kann die Wiederholbarkeit der Ergebnisse bei solchen Filtern als zufriedenstellend betrachtet werden.

Zum Vergleich der Messdaten mit der CFT kann die aus der CFT hervorgehende Gleichung (2.14), welche das axiale Abscheidungsprofil der Partikel im Filter beschreibt, über der Filterhöhe integriert werden.

$$c_p(t) = \int_{z=0}^{h_{min}} c_p(z,t)\,dz = \varepsilon \cdot k_f \cdot c_{l,0} \cdot t \cdot \int_{z=0}^{h_{min}} \exp\left(-\frac{z}{v/k_f}\right) \tag{5.8}$$

Die erhaltene Gleichung beschreibt einen linearen Zusammenhang zwischen dem Anteil abgelagerter Partikel und der Filtrationszeit. Anhand von Abbildung 5.7 wird jedoch deutlich, dass dies vor allem bei Proben mit geringerem mittleren Porendurchmesser nur für Filtrationszeiten bis $\tau = 60\,\text{min}$ zutrifft. Dies ist analog zu der im vorigen Kapitel getroffenen Aussage, dass die zeitliche Änderung zurückgehaltener Partikel je Pore ab einer Filtrationszeit von $\tau = 60\,\text{min}$ abnimmt.

Die Gleichung (5.8) zugrundeliegende DGL (2.12) wurde unter den Bedingungen gelöst, dass die Porosität ε sowie der Ablagerungskoeffizient k_f zeitlich konstant sind. Es ist jedoch offensichtlich, dass die Porosität mit zunehmender Filtrationszeit sinkt, da sich der Hohlraum des Filters durch die Partikelablagerung zusetzt. Nach einer Filtrationszeit von $\tau = 60\,\text{min}$ sind Filter mit geringerem Porendurchmesser bereits zu 10 % mit Partikelablagerungen gefüllt[6]. Aussagen über eine Änderung des Ablagerungskoeffizienten k_f sind schwieriger. Nach [103] ist dieser nur zu Beginn des Filtrationsprozesses konstant.

Nach Gleichung (2.9) ist der Filterkoeffizient umgekehrt proportional zur Porengröße. Diese Aussage wird durch die Kurvenverläufe in Abbildung 5.7 bestätigt. Dies ist zudem plausibel, da das Verhältnis von Oberfläche zu Volumen mit steigender Porengröße abnimmt.

$$\frac{A_O}{V} = \frac{\pi \cdot d_{pore}^2}{\pi/6 \cdot d_{pore}^3} = \frac{6}{d_{pore}} \tag{5.9}$$

Da die betrachtete Höhe bei alle Proben konstant ist, weisen Filter mit einem kleineren Porendurchmesser eine größere absolute Oberfläche auf. Je mehr Oberfläche zur Ablagerung zur Verfügung steht, umso größer kann der Anteil zurückgehaltener Partikel im Filter sein. Das Oberflächen-Volumen-Verhältnis ist dabei nach Glei-

[6] Zu beachten ist an dieser Stelle, dass der maximal mögliche Volumenanteil an Partikeln der Porosität ($\varepsilon \approx 70\,\%$) entspricht. Realistischer ist jedoch ein maximaler Partikelanteil, welcher unterhalb der Porosität liegt.

chung (5.9) bei Filtern mit $d_{pore} = 700\,\mu\text{m}$ entsprechend um den Faktor 2000/700 $\approx$ 2,9 größer als bei Filtern mit $d_{pore} = 2\,000\,\mu\text{m}$. Ein ähnlicher Wert findet sich in Abbildung 5.7 (rechts) als Verhältnis der Kurvenverläufe bis zu einer Filtrationszeit von $\tau \approx 60\,\text{min}$ wieder.

Abschließend kann also festgehalten werden, dass die Wiederholbarkeit der Filtrationsversuche an ähnlichen Filtern zufriedenstellend ist. Der Einfluss der Porengröße ist in Übereinstimmung mit der theoretischen Vorhersage: Die Effizienz der Filtration sinkt mit steigendem Porendurchmesser.

5.2 Bewertung der Geschwindigkeitsmessung

Bis hierher wurden die Filtrationsmessungen lediglich auf Grundlage der röntgentomographischen Daten ausgewertet. Bevor auch die Information des Geschwindigkeitsfeldes des Trägerfluids im Filter zur Auswertung hinzugezogen wird, sollen zunächst die magnetresonanztomographischen Messungen bewertet werden.

Um einschätzen zu können, inwiefern der verwendete experimentelle Aufbau für die magnetresonanztomographische Geschwindigkeitsmessung geeignet ist, müssen zwei Fragen geklärt werden:

1. Wiederholbarkeit der Messung: Ist das Geschwindigkeitsfeld stationär und somit bei aufeinanderfolgenden Messungen unverändert?
2. Ist das Geschwindigkeitsprofil im Einlauf voll ausgeprägt?

Zusätzlich soll die Güte der Messmethode untersucht werden:

1. Aus dem gemessenen Geschwindigkeitsfeld kann der Volumenstrom berechnet und mit dem pumpenseitig eingestellten Wert verglichen werden.
2. Wie groß ist der Einfluss des Rauschens?

Da eine Messung der Geschwindigkeit ohne messtechnische Defizite lediglich an den Proben D20T10N4...N6 durchgeführt werden konnte (siehe Tabelle 3.6), beschränken sich alle folgenden Auswertungen auf diese drei Filter.

5.2.1 Wiederholbarkeit der Messung

Die Wiederholung von magnetresonanztomographischen Geschwindigkeitsmessungen soll Aufschluss über die Frage geben, ob das Strömungsfeld im Filter stationär ist. Dies ist erforderlich, um die gemessenen Geschwindigkeitsfelder mit den zeitlich versetzt aufgenommenen, zugehörigen Röntgentomogrammen zu verglichen.

Als Vergleichskriterium für n Messungen wurde die Differenz zwischen einer Geschwindigkeitskomponente $j \in \{x, y, z\}$ und deren arithmetischem Mittel aus den k-ten Einzelmessungen gewählt.

$$\Delta v_{j,k}(X) = v_{j,k}(X) - \frac{1}{n}\sum_{k=1}^{n} v_{j,k}(X) = v_{j,k}(X) - \bar{v}_j(X) \tag{5.10}$$

In Abbildung 5.8 werden die nach Gleichung (5.10) berechneten Geschwindigkeitsdifferenzen am Beispiel der Probe D20T10N6 für $n = 6$ nacheinander durchgeführte Messungen gezeigt. Dargestellt wird jeweils ein axialer Querschnitt der gemessenen Geschwindigkeitsfelder in x-, y- und z-Richtung (v.l.n.r). Dabei stellt die obere Reihe die über die Einzelmessungen gemittelten Bilder und die Reihen darunter die jeweiligen Geschwindigkeitsdifferenzen der Einzelmessungen dar. Die Bilder sind mit einer LUT eingefärbt, welche für Bilder mit absoluten Geschwindigkeiten sowie Geschwindigkeitsdifferenzen gleichermaßen gilt.
Anhand der Differenzbilder lassen sich Unterschiede zwischen den Einzelmessungen verdeutlichen. Dabei zeigt sich, dass an einigen wenigen Stellen Geschwindigkeitsunterschiede gemessen wurden. Beispielhaft werden zwei Stellen in der untersten Reihe in Abbildung 5.8 vergrößert dargestellt.
Die beiden unten links befindlichen Detailansichten zeigen die Geschwindigkeitskomponente in x-Richtung im gleichen Ausschnitt – sowohl vom gemittelten Bild als auch von der Einzelmessung $k = 1$, in welcher der Unterschied auftrat. In der Einzelmessung $k = 1$ wurden in der unteren Hälfte einige Voxel mit einer im Vergleich zu den restlichen Messungen überhöhten Geschwindigkeit von bis zu 1 mm/s gemessen.
Ähnliches lässt sich am zweiten Beispiel beobachten. In den beiden unten rechts befindlichen Detailansichten wird die Geschwindigkeitskomponente in z-Richtung im jeweils gleichen Ausschnitt dargestellt. Hier wird das gemittelte Bild dem der Einzelmessung $k = 6$ gegenübergestellt. Ein Teilbereich der abgebildeten Pore wird in der Einzelmessung kaum in z-Richtung durchströmt. Im gemittelten Bild hingegen wird in einem größeren Bereich der Pore eine Geschwindigkeit von ca. 2 mm/s in z-Richtung gemessen.
Trotz der gezeigten Differenzen weichen die Einzelmessungen insgesamt nur geringfügig voneinander ab. Insbesondere, wenn man die lange Messzeit von $(6 \cdot 8)$ h $= 48$ h beachtet, kann die vermessene Strömung demnach in guter Näherung als stationär bezeichnet werden.
Die mehrfache Wiederholung der Geschwindigkeitsmessung kann, neben der Überprüfung des stationären Zustands des Strömungsfeldes, auch zur Verbesserung der Messunsicherheit genutzt werden. Bei n durchgeführten Messungen erhöht sich das SNR des arithmetisch gemittelten Bildes gegenüber den Bildern der Einzelmessung

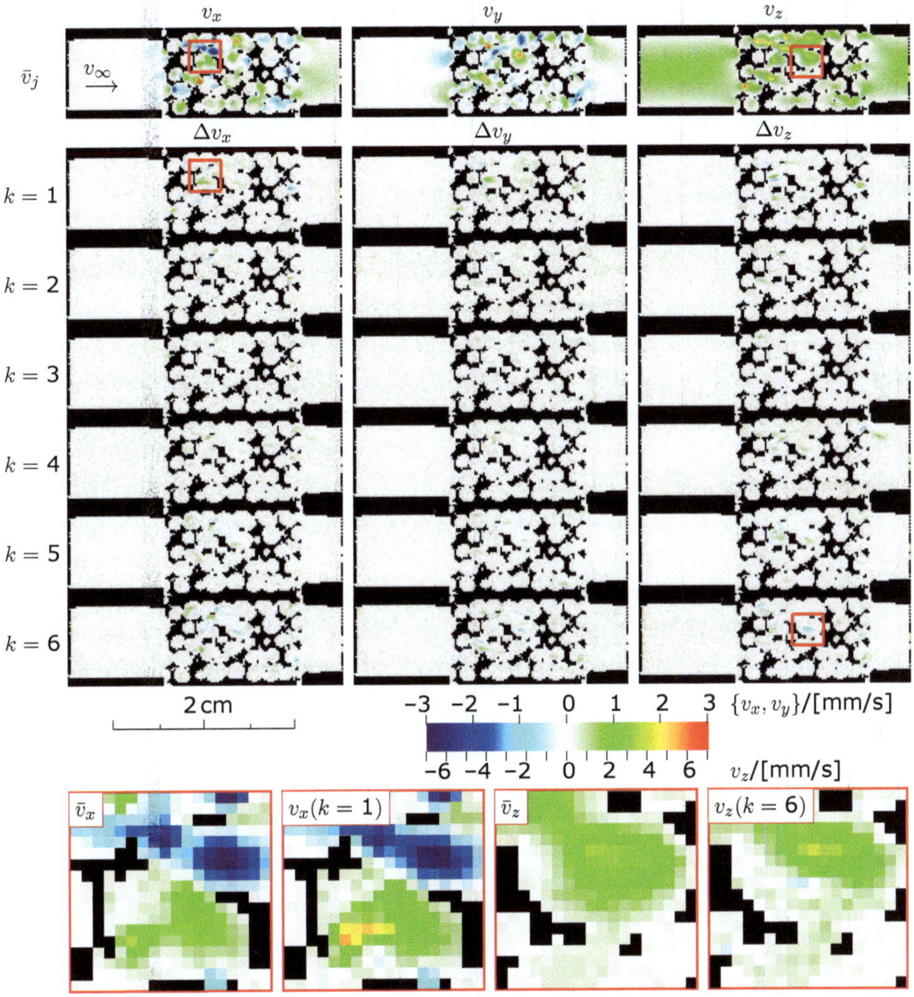

Abb. 5.8: Die MRT-Geschwindigkeitsmessung des Filters D20T10N6 wurde 6-mal durchgeführt um den stationären Zustand der Strömung zu beurteilen. *V.l.n.r.* dargestellt sind axiale Querschnitte der x-, y- und z-Komponente der Geschwindigkeit. Die oberste Reihe zeigt das arithmetische Mittel aus allen 6 Messungen, die Reihen darunter jeweils die Differenz der k-ten Einzelmessung vom arithmetischen Mittel $\bar{v}$. Im unteren Abschnitt sind zwei Vergleichsansichten (*v.l.n.r.*: $\bar{v}_x$, $v_x(k = 1)$, $\bar{v}_z$, $v_z(k = 6)$) von Gebieten abgebildet, an denen Differenzen zwischen dem gemittelten Bild und dem Einzelbild auftreten. Für die Differenz- und Detailbilder sowie das zugehörige Mittelbild gilt die jeweils gleiche farbliche Legende.

theoretisch um den Faktor $\sqrt{n}$.
Alle im Rahmen dieser Arbeit gezeigten Bilder und Ergebnisse beziehen sich aber auf Einzelmessungen, da eine große Anzahl an Wiederholungsmessungen lediglich bei der Vermessung der Probe D20T10N6 durchgeführt wurde.

5.2.2 Geschwindigkeitsprofil im Einlauf

Für einen Vergleich der CT- und MR-Messdaten ist es erforderlich, dass der Filter von einem voll ausgeprägten, laminaren Geschwindigkeitsprofil angeströmt wird. Dies kann überprüft werden, indem die gemessene Geschwindigkeit im Einlauf der Filtrationszelle mit der theoretisch zu erwartenden Rohrströmung verglichen wird. Das Geschwindigkeitsprofil einer laminaren Rohrdurchströmung, der Hagen-Poiseuille-Strömung, kann aus einem Kräftegleichgewicht aus Druck-, Reibungs- und Gewichtskraft hergeleitet werden (siehe auch [102] und Anhang A.4). Die Geschwindigkeit v ist dabei ausschließlich eine Funktion des Radius r und des vorgegebenen Volumenstroms $\dot{V} = 50\,\mathrm{mm^3/s}$ und nicht von der Ausrichtung des Rohres gegenüber der Richtung der Schwerkraft abhängig. Damit kann auch angenommen werden, dass das Geschwindigkeitsfeld bei horizontaler Ausrichtung der Filtrationszelle im MR-Scanner mit dem einer vertikalen Ausrichtung im CT-Scanner vergleichbar ist.

$$v(r) = \frac{2}{\pi} \cdot \dot{V} \cdot \frac{R^2 - r^2}{R^4} \tag{5.11}$$

Hierbei ist R der Innenradius der Filtrationszelle ($R = d_2/2 = 4\,\mathrm{mm}$). Das Geschwindigkeitsprofil ist demnach parabelförmig und hat sein Maximum in der Rohrmitte ($r = 0$).

$$v_{max} = v(r=0) = \frac{2}{\pi} \cdot \frac{\dot{V}}{R^2} \tag{5.12}$$

Die mittlere Geschwindigkeit $\bar{v} = v_\infty$ ergibt sich somit zu

$$\bar{v} = \frac{v_{max}}{2} = \frac{\dot{V}}{\pi R^2} = \frac{\dot{V}}{A}\,. \tag{5.13}$$

Das durch die Gleichung (5.11) beschriebene Geschwindigkeitsprofil kann nun mit der im Einlauf der Filtrationszelle gemessenen Geschwindigkeitskomponente in z-Richtung verglichen werden. Die Geschwindigkeitskomponenten in x- und y-Richtung sind null (vgl. Abb 4.2). Um das theoretische und gemessene Geschwindigkeitsprofil miteinander zu vergleichen, wird die Gleichung (5.11) in ein Bild übertragen und dieses dann vom Bild der gemessenen Fluidgeschwindigkeit subtrahiert.

$$v(x,y) = \begin{cases} v_{max}\sqrt{1-\left(\frac{x-n/2}{\tilde{R}}\right)^2-\left(\frac{y-n/2}{\tilde{R}}\right)^2} & \text{für } \left(x-\frac{n}{2}\right)^2+\left(y-\frac{n}{2}\right)^2<\tilde{R}^2 \\ 0 & \text{für } \left(x-\frac{n}{2}\right)^2+\left(y-\frac{n}{2}\right)^2\geq\tilde{R}^2 \end{cases} \tag{5.14}$$

Hierbei ist n die Bildabmessung in Pixelkantenlängen und $\tilde{R} = R/$Pixelkantenlänge. Die Geschwindigkeit v_{max} beträgt nach Gleichung (5.12) 2 mm/s. In Abbildung 5.9 sind die gemessene Geschwindigkeit im Einlauf der Filtrationszelle ca. 8 mm stromaufwärts vom Filter bei Vermessung der Probe D20T10N6 und das nach Gleichung (5.14) berechnete theoretische Geschwindigkeitsprofil gegenübergestellt. Die Differenz beider Geschwindigkeitsprofile ist rechts abgebildet.
Die in Abbildung 5.9 gegenübergestellten Geschwindigkeitsprofile sind dabei in guter Übereinstimmung. Die Differenz der beiden abgebildeten Querschnitte weist im Mittel einen Unterschied von ca. $\overline{\Delta v} = -0{,}1$ mm/s bei einer Standardabweichung von $\sigma_{\Delta v} = 0{,}2$ mm/s auf. Somit ist bestätigt, dass das vermessene Strömungsprofil voll ausgeprägt ist. Die verwendete Einlauflänge der Filtrationszelle von 80 mm (siehe Kapitel 3.1.3) genügt demnach den gestellten Anforderungen. Auch quantitativ ist der gezeigte Querschnitt in guter Übereinstimmung mit dem theoretisch zu erwartenden Geschwindigkeitsprofil. Inwiefern die Konstanz der Geschwindigkeit, bzw. des Volumenstroms, in axialer Richtung gewährleistet ist, soll im folgenden Kapitel diskutiert werden.

5.2.3 Konstanz des Volumenstroms

Zur Überprüfung der Güte der magnetresonanztomographischen Geschwindigkeitsmessung kann aus den gemessenen Geschwindigkeiten der Volumenstrom berechnet und anschließend mit dem pumpenseitig eingestellten Sollwert verglichen werden. Dazu muss die axiale Geschwindigkeitskomponente in z-Richtung in jedem radialen Querschnitt aufsummiert und mit der Pixelfläche multipliziert werden, was im nicht-diskreten Fall einer Integration der Geschwindigkeit über der Fläche entspricht (siehe auch [46]).

$$\dot{V}(z) = \text{Voxelkantenlänge}^2 \cdot \sum_{x=1}^{n_x}\sum_{y=1}^{n_y} v_z(x,y,z)\ , \tag{5.15}$$

mit der Bildabmessung $n_x \times n_y$ in x- bzw. y-Richtung. Das Ergebnis ist der Verlauf des Volumenstroms in axialer Richtung. Theoretisch muss dieser aufgrund der Masseerhaltung unabhängig von der axialen Position sein. Genau das soll zur Über-

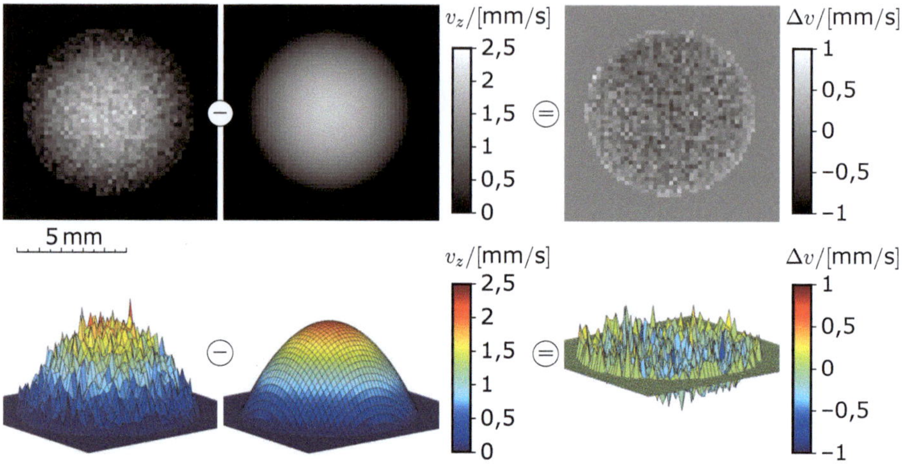

Abb. 5.9: Vergleich der Profile der z-Komponente der Geschwindigkeit in einem radialen Querschnitt im Eintritt der Filtrationszelle. Die Geschwindigkeit ist als Grauwert (*oben*) bzw. als farbige Höheninformation (*unten*) dargestellt. Zum besseren Vergleich wird zusätzlich die Geschwindigkeitsdifferenz Δv (*rechts*) der magnetresonanztomographischen Messung (*links*) und des theoretischen Geschwindigkeitsprofils (*mittig*, nach Gleichung (5.14)) gezeigt.

prüfung der Güte des Messverfahrens genutzt werden. Abbildung 5.10 zeigt die axialen Verläufe des Volumenstroms anhand der Proben D20T10N4...N6 sowie den bei allen drei Messungen pumpenseitig eingestellten Sollwert. Hierbei stellen ausgefüllte Symbole den Bereich des Filters dar. Leere Symbole kennzeichnen den Ein- bzw. Auslauf der Filtrationszelle.

Der Drift des Volumenstroms in z-Richtung entsteht durch die verwendete Pulssequenz (siehe gerades/ungerades Echo [46]). Ziel der erarbeiteten PC-MRT-Messmethode ist es, diese Drift bestmöglich zu korrigieren. Im Vergleich aller Proben weicht der berechnete Volumenstrom auf Höhe des Filters maximal um 25 % vom pumpenseitig eingestellten Sollwert ab. Aufgrund der projektbegleitenden Optimierung der Messmethode ist die Abweichung bei der zuletzt durchgeführten Messung mit maximal 10 % besonders gering. Damit ist bestätigt, dass die Vermeidung eines Drifts des Volumenstroms zufriedenstellend funktioniert. Somit werden alle drei Proben im Weiteren ausgewertet.

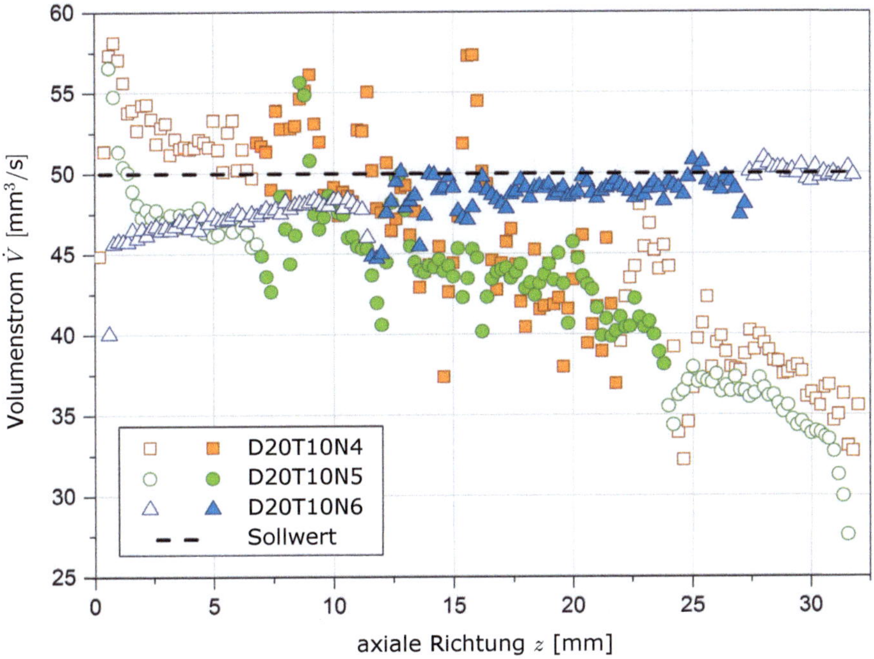

Abb. 5.10: Der in den drei Filtern D20T10N4...N6 gemessene Volumenstrom wird in axialer Richtung aufgelöst. Geschlossene Symbole stellen den Bereich im Filter, offene Symbole den Bereich im Ein- bzw. Auslass der Filtrationszelle dar. Der in axialer Richtung unveränderliche Sollwert wird als gestrichelte Linie ebenfalls abgebildet.

5.2.4 Quantifizierung der Messungenauigkeit

In diesem Kapitel soll diskutiert werden, inwiefern sich die Ungenauigkeit bzw. das Rauschen der magnetresonanztomographischen Geschwindigkeitsmessungen abschätzen lässt. Im Gegensatz zum abgeschätzten Geschwindigkeitsfehler v_e nach Gleichung (4.5) soll hier das Rauschen auf Basis wiederholter Messungen bestimmt werden.

1. Aus Wiederholungsmessungen wird ein gemitteltes Geschwindigkeitsfeld $\overline{v_j}$ mit $j \in \{x, y, z\}$ analog zu Kapitel 5.2.1 berechnet.
2. Das gemittelte Bild von $\overline{v_j}$ wird von den Einzelmessungen subtrahiert. Bei einer stationären Strömung resultieren Geschwindigkeitsdifferenzen einzig aufgrund

des Rauschens der Messung.

3. Im Einlaufbereich des Filters kann über einen großen Bereich der Strömung aus den Differenzbildern die Standardabweichung der Geschwindigkeit σ_j berechnet werden.

$$\sigma_j = \sqrt{\frac{\sum_{X=1}^{n}\left(\Delta v_j(X) - \overline{\Delta v_j}\right)^2}{n-1}} \tag{5.16}$$

Da die Geschwindigkeitsfelder der Probe D20T10N6 insgesamt 6-mal vermessen wurden, soll im Folgenden das Rauschen der Geschwindigkeit für diese Probe exemplarisch ermittelt werden. Dabei ist zu beachten, dass der Messbereich VENC der z-Komponente mit [−20,+20] mm/s doppelt so hoch ist wie der der Komponenten in x- und y-Richtung mit jeweils [−10,+10] mm/s. Demnach muss auch die entsprechende Standardabweichung σ_z doppelt so hoch sein.
Das Häufigkeitsverteilung der Geschwindigkeitsdifferenzen $\Delta v_j(X)$ je Voxel wird in Abbildung 5.11 (links) dargestellt. Deutlich zu erkennen ist, dass die Differenzen jeweils normalverteilt um den Mittelwert $\overline{\Delta v_j} = 0$ liegen. Die Standardabweichung σ_j der normalverteilten Häufigkeiten ist ein Maß für das Rauschen der Geschwindigkeitsmessung.

- $\sigma_x = 0{,}095\,\text{mm/s}$
- $\sigma_y = 0{,}093\,\text{mm/s}$
- $\sigma_z = 0{,}197\,\text{mm/s}$

Erwartungsgemäß gilt für die Standardabweichungen $\sigma_z \approx 2 \cdot \sigma_x$ sowie $\sigma_x \approx \sigma_y$. Die gewonnenen Erkenntnisse lassen sich auch auf andere Geschwindigkeitsmessungen übertragen. Wie bereits in Kapitel 4.2 diskutiert wird, hängt die Messungenauigkeit proportional vom Messbereich bzw. umgekehrt proportional vom SNR ab. Eine Erhöhung der Messzeit t wiederum führt zu einem um $\sqrt{t}$ besseren SNR.

5.2.5 Einfluss der Messungenauigkeit

Aus den gemessenen Geschwindigkeitskomponenten wird nach Gleichung (4.3) der Geschwindigkeitsbetrag $v_m(X)$ je Voxel X berechnet. Dieser wird anschließend über dem Volumen einer Pore gemittelt und damit die Reynoldszahl Re der Pore nach Gleichung (4.8) berechnet. Hierbei führt das Rauschen der gemessenen Geschwindigkeitsinformationen zu einer systematischen Überhöhung des berechneten mittleren Geschwindigkeitsbetrags $\overline{v_m}$.
Eine einfache theoretische Überlegung verdeutlicht dies: Wenn bei der Geschwindigkeitsmessung der aufgeprägte Volumenstrom null ist, das Fluid also ruht, und

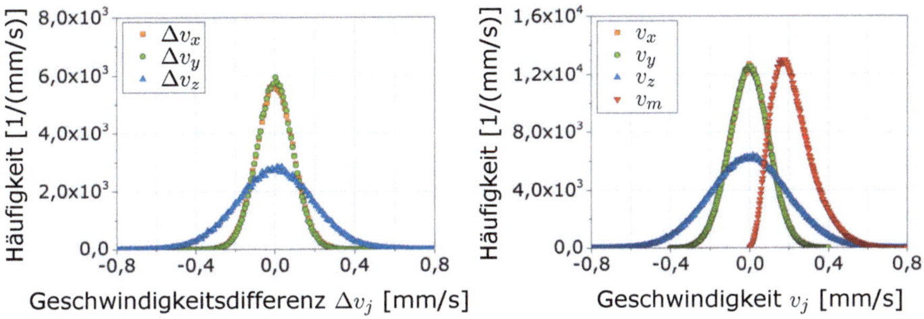

Abb. 5.11: *Links*: Die Geschwindigkeitsdifferenzen in x-, y- und z-Richtung am Beispiel der Geschwindigkeitsmessung der Probe D20T10N6 sind normalverteilt. Dargestellt ist die anzahlbezogene Häufigkeit. *Rechts*: Die anzahlbezogenen Häufigkeitsverteilungen der generierten, normalverteilten Geschwindigkeiten in x-, y- und z-Richtung werden der daraus resultierenden Häufigkeitsverteilung des Geschwindigkeitsbetrags v_m gegenüber gestellt.

die Messmethode in der Lage ist die Geschwindigkeitsinformation rauschfrei aufzunehmen, so würde der Geschwindigkeitsbetrag in jedem Voxel identisch null sein. Die mittlere Geschwindigkeit in einer Pore und die daraus berechnete Reynoldszahl wären ebenfalls null.

Misst man erneut mit der gleichen Messmethode, welche nun reale, rauschbehaftete Informationen erzeugt, so wird der Geschwindigkeitsbetrag je Voxel größer oder gleich null. Der über eine Pore gemittelte Geschwindigkeitsbetrag ist demnach ebenfalls größer oder gleich null. Mit zunehmender Standardabweichung der rauschbehafteten Messgröße nimmt also auch der Geschwindigkeitsmittelwert der Pore und somit auch die Reynoldszahl zu.

Problematisch ist, dass Geschwindigkeiten aufgrund des Rauschens unterschiedliche Vorzeichen haben. Somit resultiert durch das Quadrieren in Gleichung (4.3) stets ein positiver Geschwindigkeitsbetrag. Dieser Fehler ist in solchen Poren besonders groß, welche trotz aufgeprägtem Volumenstrom kaum durchströmt werden. In diesen ist die mittlere Geschwindigkeit nahe null und damit in der Größenordnung der Standardabweichung des Rauschens. Der Mittelwert wird also nur dann verfälscht, wenn die Standardabweichung und der Mittelwert der Geschwindigkeit vom Betrag her ähnlich sind.

Ein generisch erzeugter, rauschbehafteter Datensatz in Form eines Bildes kann zur Abschätzung des systematischen Fehlers dienen. Die Bildabmessungen $n \times n = 1\,000 \times 1\,000$ sind hinreichend groß, um eine statistische Sicherheit zu gewährleisten. Mit

der Software ImageJ [47] wurde ein Bild $I_{vx,gen}$ mit mittlerem Grauwert $\mu = 0$ und der in Kapitel 5.2.4 bestimmten Standardabweichung $\sigma_x = 0{,}1$ mm/s generiert. Analog wurde bei den Bildern $I_{vy,gen}$ bzw. $I_{vz,gen}$ verfahren, wobei $\sigma_y = \sigma_x$ und $\sigma_z = 0{,}2$ mm/s ist. Die Bilder wurden nach Gleichung (4.3) pixelweise quadriert und addiert. Aus dieser Summe wurde anschließend pixelweise die Quadratwurzel gezogen. Die Häufigkeitsverteilungen der Grauwerte der generierten Bilder $I_{vj,gen}$ $(j \in \{x, y, z\})$ sowie des resultierenden Bildes $I_{vm,gen}$ sind in Abbildung 5.11 rechts dargestellt. Die Häufigkeitsverteilungen der Geschwindigkeiten in x-, y- und z-Richtung entsprechen den in Kapitel 5.2.4 bzw. in Abbildung 5.11 links dargestellten Verteilungen der Geschwindigkeitsdifferenzen. Der Mittelwert der Verteilung von v_m liegt bei $\overline{v_m} = 0{,}22$ mm/s und ist somit größer null. Bezogen auf den mittleren Porendurchmesser der Proben von 2 mm ergibt sich eine minimale Reynoldszahl von $Re \approx 0{,}4$. In Abbildung 5.12 wird die Häufigkeitsverteilung der Reynoldszahl nach Gleichung (4.8) der Proben D20T10N4...N6 dargestellt. Darin ist zu erkennen, dass für die Proben D20T10N5 und D20T10N6 nur Reynoldszahlen größer $Re > 0{,}1...0{,}2$ existieren. Die Ursache hierfür wird im beschriebenen Rauschen der Messdaten vermutet. Für die Probe D20T10N4, welche aufgrund eines größeren Messbereichs VENC und einer kürzeren Messzeit (siehe Tabelle 3.7) ein deutlich höheres Rauschen aufweist, resultieren aufgrund dieses Fehlers sogar nur Reynoldszahlen $Re > 0{,}4$.
Aufgrund der rauschbehafteten Geschwindigkeitsmessung ergibt sich also eine minimale Reynoldszahl, welche auch in der folgenden Auswertung beobachtet werden kann. Dieser systematische Fehler ist in Poren, in denen die mittlere Geschwindigkeit im Bereich der Standardabweichung des Messrauchens liegt, besonders groß.

5.3 Kombination von Magnetresonanz- und Röntgentomographie

Die Proben D20T10N4...N6 werden nach dem in Kapitel 4.5 dargestellten Ablauf ausgewertet. Nach Gleichung (4.8) wird dabei für jede Pore die Reynoldszahl Re als Strömungskenngröße ermittelt. Ebenfalls für jede Pore wird die Partikelabscheidung $c_p(\tau)$ als Funktion der Filtrationszeit τ nach Gleichung (4.9) bestimmt. Die Partikelablagerungen $c_p(\tau)$ werden logarithmisch über der Reynoldszahl Re zu allen untersuchten Filtrationszeiten τ und für die drei untersuchten Proben D20T10N4...N6 in Abbildung 5.13 bzw. 5.14 dargestellt. Jeder Punkt in den dargestellten Diagrammen repräsentiert eine Pore. Weiterhin sind diese Punkte bezüglich ihrer axialen Position im Filter farblich markiert, wobei die Position als dimensionslose Größe, normiert mit der Probenhöhe, angegeben wird. Eine Pore am Filtereintritt wird rot, eine Pore am Filteraustritt blau dargestellt.

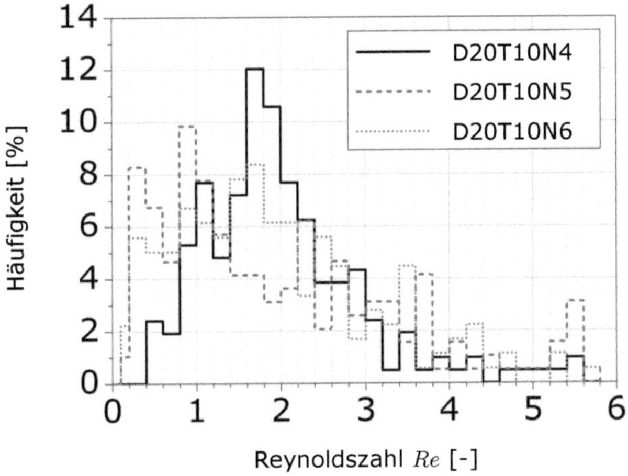

Abb. 5.12: Die anzahlbezogene Häufigkeitsverteilung der Poren-Reynoldszahlen Re der Proben D20T10N4...N6, welche sich bei einer Anströmung mit einem Volumenstrom $\dot{V} = 50\,\text{mm}^3/\text{s}$ einstellt.

Mit zunehmender Filtrationszeit τ nimmt der Volumenanteil abgelagerter Partikel im Mittel zu, was sich in den abgebildeten Diagrammen in einer vertikalen Verschiebung der Punktwolken äußert. Zu Beginn des Prozesses nach, $\tau = 7{,}5\,\text{min}$, befinden sich in einigen Poren noch keine Partikelablagerungen. In den zugehörigen Diagrammen sind daher zum Teil deutlich weniger Datenpunkte im Vergleich zu späteren Zeitpunkten vorhanden.

Im Folgenden soll diskutiert werden, welche Schlussfolgerungen die in Abbildung 5.13 und 5.14 dargestellten Abhängigkeiten zulassen. Die charakteristischen Verteilungen zeigen, dass die Reynoldszahl einen Einfluss auf den Volumenanteil abgelagerter Partikel hat.
Hin zu höheren Reynoldszahlen Re verringert sich die Breite der Verteilung des Partikelanteils c_p. Poren mit den jeweils höchsten Reynoldszahlen zu einem Zeitpunkt τ weisen einen nahezu konstanten Partikelanteil auf und scheinen im vorliegenden Fall somit unabhängig von der axialen Position der Pore zu sein. In diesen Poren ist der Partikelanteil einzig eine Funktion der Filtrationszeit τ. Dies gilt probenübergreifend und zu beliebigen Zeitpunkten τ im untersuchten Zeitbereich.
Die Hypothese, die sich daraus ableitet, wird auf zwei gegenläufige Tendenzen zurückgeführt. Je größer der Volumenstrom bzw. die Geschwindigkeit ist, umso mehr Partikel werden absolut in eine Pore transportiert. Andererseits kann davon aus-

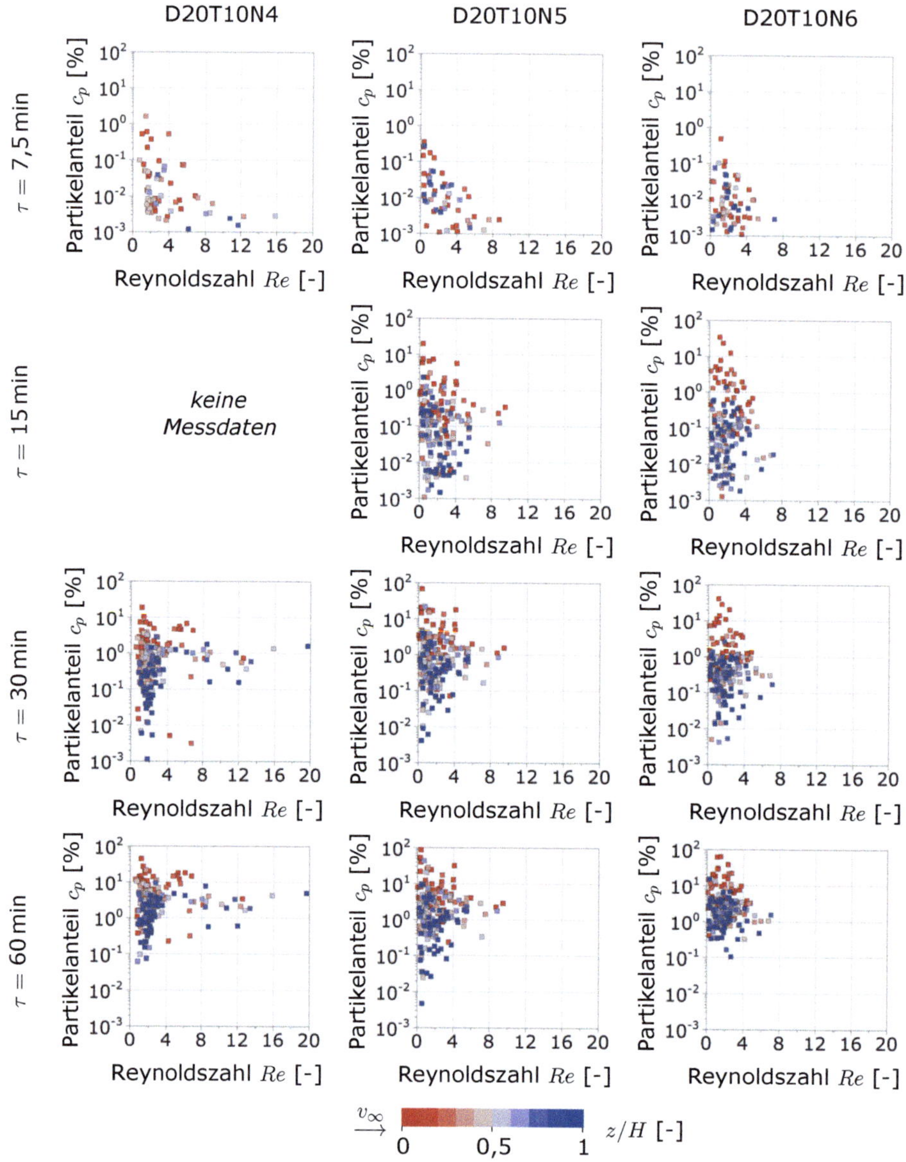

Abb. 5.13: Darstellung des Volumenanteils an Partikeln c_p je Pore über der Poren-Reynoldszahl Re zu vier verschiedenen Filtrationszeiten $\tau = (7{,}5...60)$ min der Proben D20T10N4...N6. Die Position der Poren in Strömungsrichtung ist, auf die Probenhöhe normiert, farblich dargestellt.

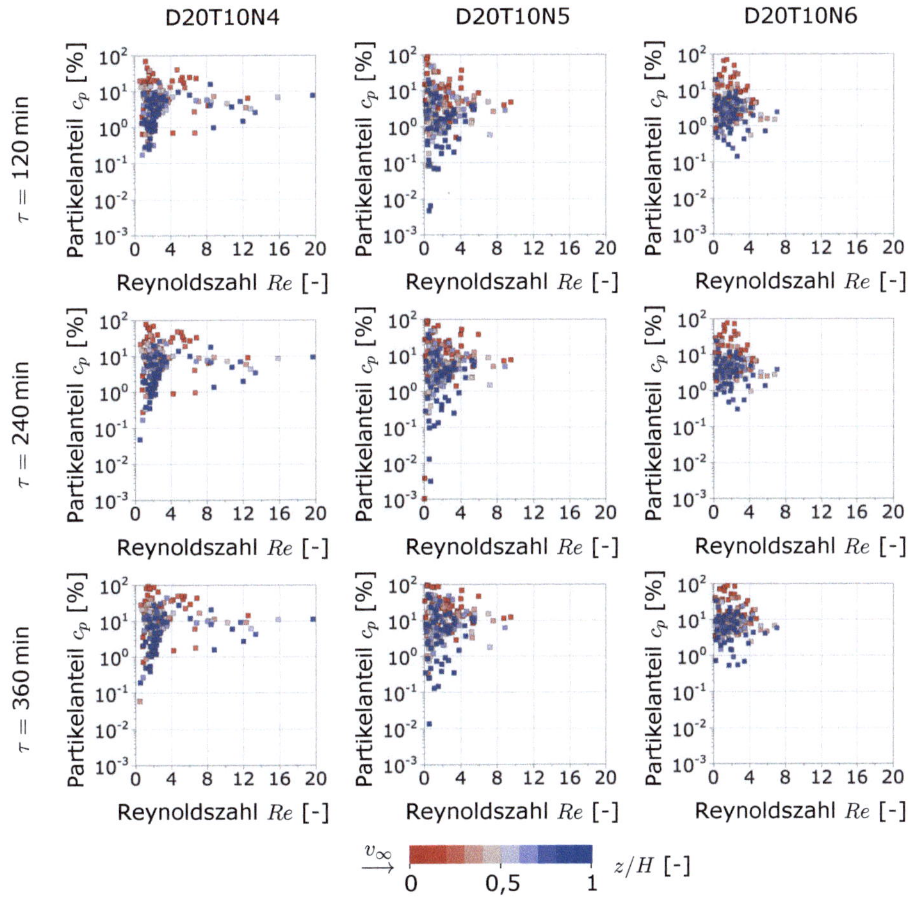

Abb. 5.14: Darstellung des Volumenanteils an Partikeln c_p je Pore über der Poren-Reynoldszahl Re zu vier verschiedenen Filtrationszeiten τ =(120...360) min der Proben D20T10N4...N6. Die Position der Poren in Strömungsrichtung ist, auf die Probenhöhe normiert, farblich dargestellt.

gegangen werden, dass die Effizienz der Partikelablagerung mit zunehmender Geschwindigkeit sinkt (siehe Gleichung (2.9)). Zum einen ist dies der Fall, da die Antransportmechanismen Diffusion oder Sedimentation aufgrund steigender Advektion weniger Einfluss haben. Zum anderen bedeuten höhere Geschwindigkeiten bei ähnlicher Geometrie höhere Geschwindigkeitsgradienten und damit höhere Scherkräfte, welche wiederum für die Partikelablagerung ungünstig sind. Dies erklärt, warum Poren mit den höchsten Reynoldszahlen nicht diejenigen Poren mit maximalem Partikelanteil sind. Steht nur ein begrenztes Filtervolumen zur Verfügung, kann davon ausgegangen werden, dass eine optimale Reynoldszahl existiert, bei der die zeitliche Änderung des Partikelanteils im Filter maximal wird, da bei geringem Volumenstrom kein Partikeleintrag statt findet und bei hoher Geschwindigkeit die Effizienz der Ablagerung gering ist.
Bei Poren mit niedrigen Reynoldszahlen kann beobachtet werden, dass die Breite möglicher Partikelanteile je Pore zu allen untersuchten Filtrationszeiten mehrere Größenordnungen abdeckt. Im Gegensatz zu Poren mit hohen Reynoldszahlen, ist der Anteil abgelagerter Partikel von zusätzlichen Parametern abhängig. Ein solcher Parameter ist die Lage der Pore im Filter in Hauptströmungsrichtung. Wie bereits in Kapitel 5.1.1 gezeigt wurde, nimmt der Partikelanteil in axialer Richtung exponentiell ab. Dies wird in den Diagrammen der Abbildungen 5.13 und 5.14 ebenfalls anhand der Farbskala deutlich. Poren am Filtereintritt (rot) weisen zu allen Zeitpunkten mehrheitlich höhere Partikelanteile als Poren am Filteraustritt (blau) auf.
Um den Partikelanteil einzelner Poren vorhersagen zu können, reicht die Kenntnis der axialen Position jedoch nicht aus. Stromabwärts liegende Poren weisen mitunter einen höheren Partikelanteil auf als stromaufwärts liegende Poren und umgekehrt. Hierfür müssen weitere Größen in Betracht gezogen werden:

- *Topologische Umgebung einer Pore*
  Es kann angenommen werden, dass der Partikelanteil von der Position der Porenverbindungen bzw. des Fensters abhängt. In den untersuchten Filtern waren die Poren teilweise durch eine dünnwandige Keramikschicht getrennt, welche sich aufgrund der geringen Wandstärke nicht binarisieren ließ. Eine topologisch vollständige Beschreibung des Porennetzwerks, also der Lage und Anzahl von Verbindungen zwischen Poren, auf Basis der röntgentomographischen Messdaten ist somit nicht möglich.

- *Konzentration der Partikel in der Suspension* c_l
  Die CFT sagt ein in axialer Richtung exponentiell abfallendes Konzentrationsprofil $c_l(z)$ nach Gleichung (2.13) voraus, welches zur Beschreibung des Partikelanteils in einzelnen Poren ungenügend ist. Aufgrund unterschiedlicher Geschwindigkeiten und einer damit einhergehenden heterogenen Partikelablage-

rung stromaufwärts kann angenommen werden, dass c_l auf gleicher axialer Höhe variiert. Ein methodischer Vorschlag, wie die Verteilung der Konzentration der Partikel in der Suspension c_l im Filter aus den röntgen- und magnetresonanztomographischen Messdaten abgeschätzt werden kann, wird im Abschnitt 5.3.2 erläutert.

5.3.1 Scherspannungsverteilung im Fluid

Die im vorangegangenen Abschnitt aufgestellte Behauptung, dass in Poren mit hoher Reynoldszahl auch hohe Scher- bzw. Schubspannungen vorhanden sind, soll hier überprüft werden. Scherspannungen im Fluid entstehen durch mit unterschiedlichen Geschwindigkeiten aneinander entlang gleitenden Fluidschichten. Die Schubspannungen sind dabei proportional zum Geschwindigkeitsgradienten. Je größer die Scherung im Fluid ist, umso größere Kräfte wirken auf die suspendierten Partikel. Eine Ablagerung wird somit unwahrscheinlicher.
Für den allgemeinen Fall (vergleiche [48], S. 151ff) ist zunächst der Gradient des Vektorfeldes $\nabla\vec{v}$ zu bilden

$$\nabla\vec{v} = \begin{pmatrix} \frac{\partial v_x}{\partial x} & \frac{\partial v_x}{\partial y} & \frac{\partial v_x}{\partial z} \\ \frac{\partial v_y}{\partial x} & \frac{\partial v_y}{\partial y} & \frac{\partial v_y}{\partial z} \\ \frac{\partial v_z}{\partial x} & \frac{\partial v_z}{\partial y} & \frac{\partial v_z}{\partial z} \end{pmatrix} = \begin{pmatrix} \frac{\partial v_r}{\partial r} & \frac{1}{r}\frac{\partial v_r}{\partial \varphi} - \frac{v_\varphi}{r} & \frac{\partial v_r}{\partial z} \\ \frac{\partial v_\varphi}{\partial r} & \frac{v_r}{r} + \frac{1}{r}\frac{\partial v_\varphi}{\partial \varphi} & \frac{\partial v_\varphi}{\partial z} \\ \frac{\partial v_z}{\partial r} & \frac{1}{r}\frac{\partial v_z}{\partial \varphi} & \frac{\partial v_z}{\partial z} \end{pmatrix}, \tag{5.17}$$

hier in kartesischen (x, y, z) bzw. Zylinderkoordinaten (r, φ, z). Aus diesem ergibt sich der Deformationsgeschwindigkeitstensor $\mathbf{d} = \frac{1}{2}\left[\nabla\vec{v} + \nabla\vec{v}^{\top}\right]$, wobei $\nabla\vec{v}^{\top}$ die Transposition von $\nabla\vec{v}$ ist.
In einfachen Strömungssituationen, wie bspw. einer ebenen Schichtströmung, kann die effektive Scherspannung τ in einem Voxel analytisch berechnet werden. Dabei gilt $\tau = \eta \cdot \dot{\gamma}$, wobei die Schergeschwindigkeit $\dot{\gamma}$ aus dem Deformationsgeschwindigkeitstensor ermittelt wird und η die dynamische Viskosität ist.

$$\dot{\gamma} = 2 \cdot \begin{pmatrix} 0 \\ 1 \end{pmatrix} \cdot \mathbf{d} \cdot \begin{pmatrix} 1 \\ 0 \end{pmatrix} \tag{5.18}$$

$$= \frac{\partial v_x}{\partial y} + \frac{\partial v_y}{\partial x} \tag{5.19}$$

$$\tau = \eta \left(\frac{\partial v_x}{\partial y} + \frac{\partial v_y}{\partial x} \right) \tag{5.20}$$

In einer laminaren Rohrdurchströmung lässt sich die Scherspannung ebenfalls einfach berechnen. Da die Geschwindigkeitskomponenten $v_r = v_\varphi = 0$ sind und der

Gradient der axialen Geschwindigkeit in φ- und z-Richtung null ist ($\frac{\partial v_z}{\partial \varphi} = \frac{\partial v_z}{\partial z} = 0$) bleibt im Geschwindigkeitsgradienten nach Gleichung (5.17) nur der Term $\frac{\partial v_z}{\partial r} \neq 0$ übrig. Damit gilt für die Scherspannung $\tau(r) = \eta \frac{\partial v_z}{\partial r}$ mit $v_z(r)$ nach Gleichung (5.11). Für eine dreidimensionale Strömung, wie sie in den hier untersuchten Filtern vorliegt, wird folgende Vereinfachung vorgeschlagen. Strömungspfade, welche durch den Filter führen können als gewundene Rohre aufgefasst werden – mit dem Unterschied, dass die Wandstärke aufgrund der kugelförmigen Poren entlang des Strompfades variiert. Nichtsdestotrotz entsteht eine in beliebige Richtung zeigende Hauptströmung ähnlich einer Rohrdurchströmung.

Anstelle des Geschwindigkeitsfeldes $\vec{v}(X)$, also eines Vektorfeldes, kann vereinfachend der Geschwindigkeitsbetrag $v_m(X)$, also ein Skalarfeld, verwendet werden. Der Gradient des Skalarfeldes ∇v_m zeigt in die Richtung der größten Änderung des Geschwindigkeitsbetrags. Der Betrag dieses Gradientenvektors wird anschließend mit der dynamischen Viskosität ($\eta = 10^{-3}$ Pa s, Wasser bei Raumtemperatur) multipliziert um die vereinfachte Scherspannung τ_{vm} je Voxel zu ermitteln.

$$\nabla v_m(X) = \begin{pmatrix} \frac{\partial v_m}{\partial x} \\ \frac{\partial v_m}{\partial y} \\ \frac{\partial v_m}{\partial z} \end{pmatrix}_X = \frac{1}{2 \cdot \text{Voxelkantenlänge}} \begin{pmatrix} v_m(x+1,y,z) - v_m(x-1,y,z) \\ v_m(x,y+1,z) - v_m(x,y-1,z) \\ v_m(x,y,z+1) - v_m(x,y,z-1) \end{pmatrix} \tag{5.21}$$

$$\tau_{vm}(X) = \eta \cdot |\nabla v_m(X)| \; . \tag{5.22}$$

Anstelle eines Spannungstensors je Voxel erhält man $\tau_{vm}(X)$ als Skalarfeld. Multipliziert man das Bild $I_{\tau,vm}$, beispielhaft dargestellt in Abbildung 5.15, jeweils voxelweise mit den Bildern der Einzelporen I_{pore}, erhält man als Ergebnis die Scherspannungsverteilung in den jeweiligen Einzelporen i als Bild $I_{\tau,vm,i}$. Aus diesen lässt sich dann der arithmetische Mittelwert der Scherspannungen je Pore i berechnen

$$\overline{\tau_{vm}}(i) = \sum_X I_{\tau,vm,i}(X) / \sum_X I_{pore,i}(X) = \sum_X I_{\tau,vm,i}(X)/V_{pore,i} \; . \tag{5.23}$$

Dieser Wert wird nun über der Reynoldszahl je Pore für die Proben D20T10N4...N6 aufgetragen und ist in Abbildung 5.16 gezeigt. Aus dieser Darstellung ist klar ersichtlich, dass mit zunehmender Reynoldszahl auch die mittlere Scherspannung in einer Pore zunimmt. Zusätzlich abgebildet sind die jeweiligen Regressionsgeraden, welche die Proportionalität verdeutlichen sollen. Da die Verläufe kaum voneinander abweichen ist die im vorigen Kapitel getroffene Annahme auch probenübergreifend in guter Näherung zutreffend.

Im Beispiel der definierten Rohrdurchströmung wird der Geschwindigkeitsbetrag v_m

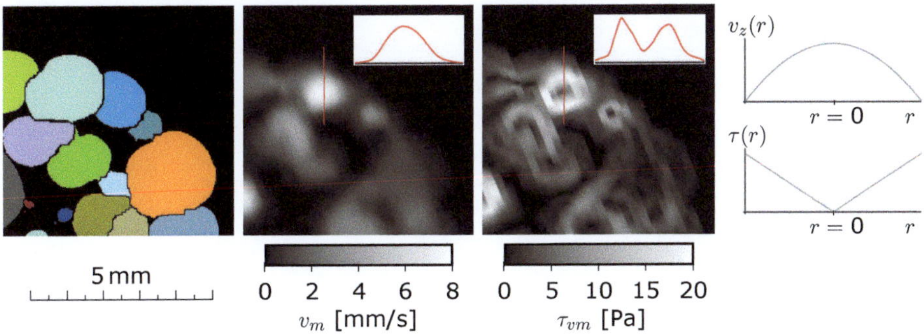

Abb. 5.15: Beispielhafter horizontaler Ausschnitt aus Probe D20T10N6. *V.l.n.r.*: $I_{0,lab}$; I_{vm} mit Konturplot; $I_{\tau,vm}$ mit Konturplot; ideales Geschwindigkeitsprofil in einer Röhrströmung (*oben*) mit Scherspannungsprofil (*unten*) zum Vergleich.

nur aus der axialen Komponente berechnet, da $v_r = v_\varphi = 0$, sodass gilt $v_m = v_z$. Der Gradient ∇v_m zeigt an jeder Stelle in radiale Richtung $\nabla v_m = \frac{\partial v_z}{\partial r}$. Mit der vorgeschlagenen Methode wird für eine Rohrdurchströmung also die exakte analytische Scherspannungsverteilung ermittelt, was hier als Plausibilitätskontrolle dient.

5.3.2 Konzentration der Partikel in der Suspension

Weiterhin soll die Verteilung der Konzentration der Partikel in der Suspension c_l im Filter aus den röntgen- und magnetresonanztomographischen Messdaten abgeschätzt werden. Dazu wird eine Methode vorgestellt, bei der eine Pore des Filters als Kontrollvolumen dient, an welcher eine Bilanzierung der Partikelmasse vorgenommen wird

$$\sum_e \dot{m}_{p,ein,e} = \sum_a \dot{m}_{p,aus,a} + \frac{\Delta m_p}{\Delta t} \tag{5.24}$$

wobei $\dot{m}_{p,ein}$ und $\dot{m}_{p,aus}$ einen ein- und ausgehenden Partikelmassestrom an dieser Pore bezeichnen, wie auch in Abbildung 5.17 schematisch gezeigt. Weiterhin ist Δm_p die absolute Änderung der Masse abgelagerter Partikel in einer Pore zwischen zwei Filtrationszeiten $\Delta t = \tau_{k+1} - \tau_k$, mit dem Laufindex k. Ein Partikelmassestrom kann mit dem in der Konzentration befindlichen Volumenanteil der Partikel c_l und

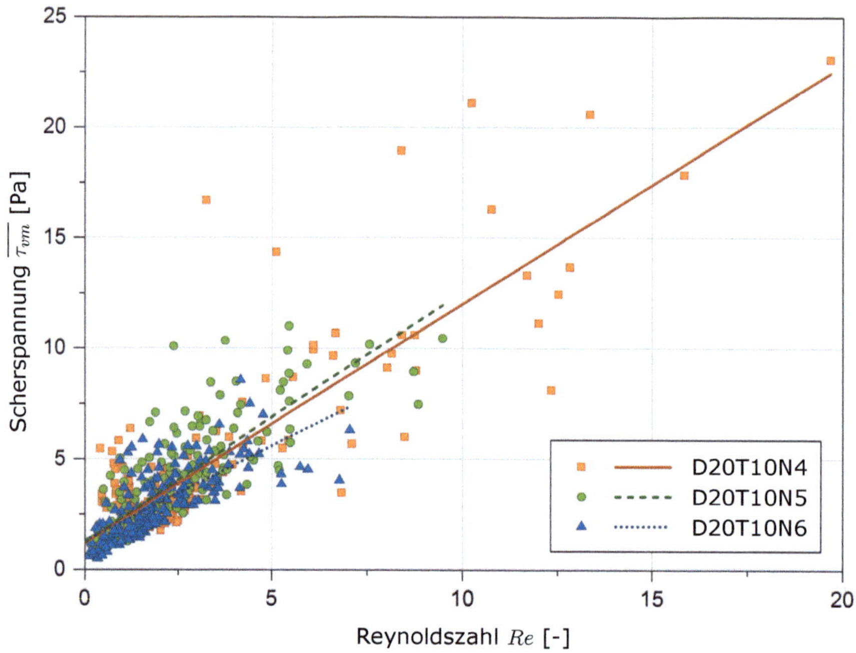

Abb. 5.16: Die mittlere, vereinfachte Scherspannung je Pore aufgetragen über der entsprechenden Reynoldszahl je Pore in den drei Filtern D20T10N4...N6.

dem Gesamtvolumenstrom $\dot{V}$ aus Wasser und Partikeln ausgedrückt werden

$$\dot{m}_p = \rho_p \cdot \dot{V}_p \tag{5.25}$$

$$= \rho_p \cdot c_l \cdot \dot{V} \ . \tag{5.26}$$

Setzt man dies in Gleichung (5.24) ein, ergibt sich

$$\rho_p \sum_e \left(c_{l,ein,e} \cdot \dot{V}_{ein,e} \right) = \rho_p \sum_a \left(c_{l,aus,a} \cdot \dot{V}_{aus,a} \right) + \rho_p \frac{\Delta V_p}{\Delta t} \tag{5.27}$$

$$\sum_e \left(c_{l,ein,e} \cdot \dot{V}_{ein,e} \right) = \sum_a \left(c_{l,aus,a} \cdot \dot{V}_{aus,a} \right) + \frac{\Delta V_p}{\Delta t} \ , \tag{5.28}$$

mit der Änderung des Volumens abgelagerter Partikel in einer Pore zwischen zwei untersuchten Filtrationszeiten $\Delta V_p = \Delta m_p / \rho_p$.

Hierbei ist ΔV_p bzw. Δm_p prinzipiell aus den röntgentomographischen Messdaten bekannt. Ebenso gegeben ist die Zeitspanne Δt. Die Volumenströme, welche über

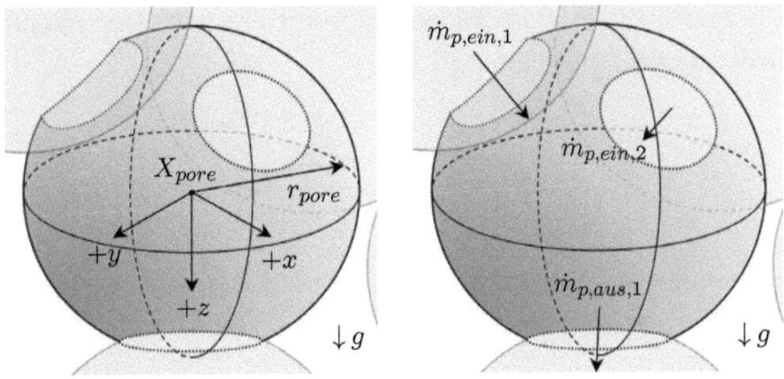

Abb. 5.17: Koordinatensystem in einer schematischen Pore mit Masseströmen über Porenfenster.

die Fenster der Pore ein- bzw. ausströmen, können aus den magnetresonanztomographischen Messdaten gewonnen werden. Damit bleiben als Unbekannte lediglich die Volumenanteile an Partikeln in der Suspension c_l. Da aus Kapitel 5.3 hervorging, dass diese Größe notwendig ist um die Partikelablagerung von einzelnen Poren vorherzusagen, wird im Folgenden erklärt wie diese Größe, bzw. die Änderung dieser Größe im Filter, bestimmt werden kann. Dies wird erreicht, indem man die Konzentration der Partikel in der Suspension am Filtereintritt mit der im Reservoir befindlichen Konzentration $c_{l,0}$ gleichsetzt. Ein Teil der Partikel sedimentiert in der – aus diesem Grund möglichst kurzen – Zuleitung aus und wird in diesem Sinne vernachlässigt. Daraus folgt, dass die Volumenanteile an Partikeln in der Suspension $c_{l,ein}$ in den Poren gegeben sind, die im Filter zuerst durchströmt werden. In einer solchen Poren sind somit die eingehenden und auch die Summe der ausgehenden Partikelmasseströme bekannt. Unbekannt ist lediglich, wie sich die Summe der ausgehenden Partikelmasseströme auf verschiedene Fenster verteilt. Hier wird nun vereinfachend angenommen, dass die Konzentration der Partikel in allen aus einer Pore ausgehenden Volumenströmen gleich ist. Die Gleichung (5.28) für Poren am Filtereintritt kann somit umgeschrieben werden zu

$$c_{l,0} \sum_e \dot{V}_{ein,e} = c_{l,aus,res} \sum_a \dot{V}_{aus,a} + \frac{\Delta V_p}{\Delta t} \,, \tag{5.29}$$

wobei $c_{l,aus,res}$ der Volumenanteil an Partikeln in der Konzentration in aus der Pore austretenden Volumenströmen ist. Hierbei ist $c_{l,aus,res}$ die einzig verbliebene Unbekannte und kann somit berechnet werden. Der dabei ermittelte Wert ist gleichzeitig der Volumenanteil an Partikeln in der Suspension, welchem die nächste Pore durch dieses Fenster ausgesetzt wird. Somit kann sukzessive der Volumenanteil an Partikeln c_l in jedem Fenster im Filter und somit diskret auch die Veränderung des

Volumenanteils an Partikeln c_l im Filter bestimmt werden. Der allgemeine Fall für alle Poren lautet analog zu Gleichung (5.29)

$$\sum_e \left(c_{l,ein,e} \cdot \dot{V}_{ein,e} \right) = c_{l,aus,res} \sum_a \dot{V}_{aus,a} + \frac{\Delta V_p}{\Delta t} \,, \tag{5.30}$$

wobei die eingehenden Konzentrationen $c_{l,ein}$ jeweils bekannt sind. Voraussetzungen für eine präzise Abschätzung sind,

- die Bestimmung der über die Porenfenster verlaufenden Volumenströme $\dot{V}_{ein}$ bzw. $\dot{V}_{aus}$ aus den magnetresonanztomographischen Messdaten sowie
- die quantitative Ermittlung der Änderung des Partikelvolumens je Pore ΔV_p auf Grundlage der röntgentomographischen Messungen.

Die Ermittlung beider Größen soll im Folgenden diskutiert werden.

Volumenströme über Porenfenster

Ziel dieses Kapitels ist es eine Methode zu erläutern, mit welcher die Volumenströme über alle Fenster in einem Filter aus den gemessenen Geschwindigkeitsfeldern berechnet werden können. Außerdem wird ein Kriterium vorgeschlagen um die Güte dieser Werte abzuschätzen.
Zunächst muss dazu die Anzahl an Verbindungen einer Pore i zu ihren benachbarten Poren ermittelt werden. Hierzu wird das Binärbild der Pore $I_{pore,i}$ (s. Abb. 4.6) mit einem Radius von zwei Voxeln dilatiert. Bei der Dilatation eines Binärbildes wird dessen Vordergrund um diesen Radius ausgedehnt. Dazu muss die Nachbarschaft eines Voxels definiert werden. Es können die 6, 18 oder 26 umliegenden Voxel als Nachbarvoxel gezählt werden. Hier wurde eine Nachbarschaft bestehend aus 26 Voxeln gewählt. Da die segmentierten Poren von einer gekrümmten Fläche mit der Stärke von einem Voxel getrennt sind, entsteht erst nach zwei Voxeln eine Überlappung. Das dilatierte Bild der Pore wird nun voxelweise mit dem Bild der gelabelten Poren $I_{0,lab}$ multipliziert. Das Ergebnis enthält nur die Grauwerte der Pore i, der Nachbarporen sowie des Hintergrunds. Somit sind alle Nachbarporen n bestimmt.
Weiterhin müssen die einzelnen Verbindungen bzw. Fenster der Pore ermittelt werden (siehe Abbildung 5.18). Dafür wird zunächst ein Binärbild I_{win} erstellt, welches die Fenster aller Poren im Filter abbildet. Dazu muss lediglich das Binärbild der segmentierten Poren vom Binärbild des Porenraums subtrahiert werden $I_{win} = I_{0,bin} - I_{0,pore}$. Die Fenster der Pore i werden in einem Bild $I_{win,i}$ abgelegt, indem die Pore i einmal dilatiert und anschließend die Schnittmenge mit I_{win} gebildet wird. Dilatiert man nun wiederum die zuvor ermittelten Nachbarporen sukzessive

jeweils einmal und bildet die Schnittmenge mit den Fenstern der Pore i, also mit $I_{win,i}$, können die Fenster den benachbarten Poren eindeutig zugewiesen werden. Es sei hier darauf hingewiesen, dass ein Fenster eine im Raum gekrümmte Fläche mit der prinzipiellen Stärke von einem Voxel ist.

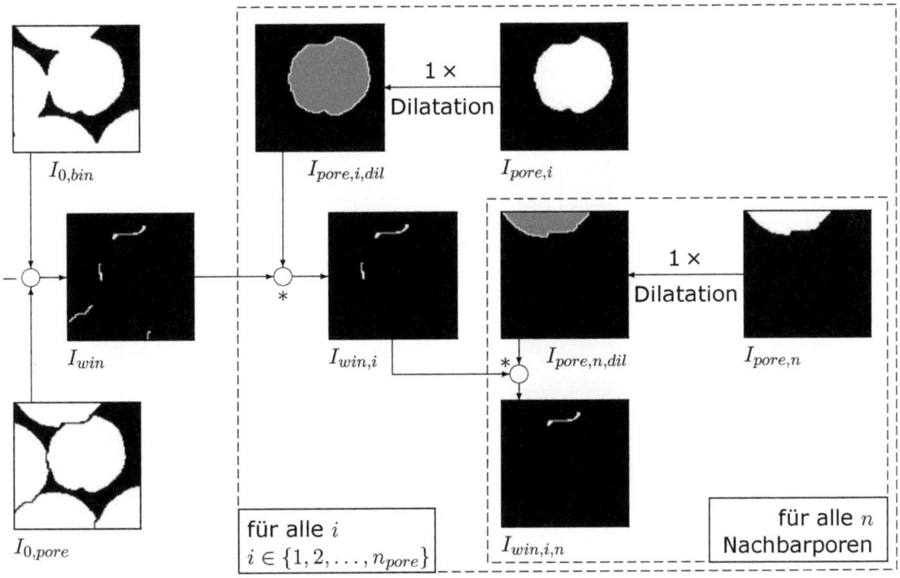

Abb. 5.18: Bildverarbeitungsschritte zur Zuordnung einzelner Fenster einer Pore i zu den jeweiligen Nachbarporen n.

Somit ist die Anzahl der Fenster je Pore sowie die Zuordnung der Fenster zu den entsprechenden Nachbarporen bekannt. Zu beachten ist, dass in den untersuchten Proben zwischen zwei benachbarten Poren mitunter mehrere räumlich voneinander getrennte Verbindungen existierten. Ein Beispiel der Fenster einer Pore im Filter D20T10N6 ist in Abbildung 5.19 dargestellt.

Weiterhin wird für jedes Fenster der Betrag des über diesem Fenster fließenden Volumenstroms $\dot{V}$ bestimmt. Damit die Bilanzierung nach Gleichung (5.30) durchgeführt werden kann, muss außerdem für jeden Volumenstrom geklärt werden, ob es sich um einen in Bezug auf die Pore i ein- oder ausgehenden Volumenstrom handelt.

Um den Betrag des Volumenstroms $|\dot{V}|_{i,k}$ über das k-te Fenster einer Pore i zu berechnen, muss zunächst das Bild des Geschwindigkeitsbetrags I_{vm} voxelweise mit dem Bild des Fensters $I_{win,i,k}$ multipliziert werden. Den Voxeln des Fensters wird dabei der Geschwindigkeitsbetrag an dieser Position zugeordnet. Zur Bildung des Betrags des Volumenstroms können die Funktionswerte aller Voxel im resultierenden Bild $I_{win,i,k,vm}$ aufsummiert werden.

$$|\dot{V}|_{i,k} = \sum_X I_{win,i,k,vm}(X) \tag{5.31}$$

Für eine exakte Bestimmung des Volumenstroms dürften lediglich die senkrecht zur Fläche stehenden Vektorkomponenten der Geschwindigkeit berücksichtigt werden. Dies ist aufgrund der Krümmung der Fensterflächen und deren zum Teil geringen Größe technisch schwer realisierbar. Die Verwendung des Geschwindigkeitsbetrags soll hier als Vereinfachung genügen.
Beim Vorzeichen des Volumenstroms sgn($\dot{V}_{i,k}$) genügt die binäre Information, ob der Volumenstrom in die Pore hinein oder aus der Pore heraus führt. Um diese Unterscheidung zu treffen, wird ein Vektor $\vec{n}_{pore,win}$ zwischen Poren- und Fenstermittelpunkt aufgespannt. Der Fenstermittelpunkt $X_{win}(i,k)$ wird dabei analog zum Porenmittelpunkt $X_{pore}(i)$ nach Gleichung (5.2) bestimmt

$$X_{win}(i,k) = \begin{pmatrix} x \\ y \\ z \end{pmatrix}_{win} = \frac{1}{V_{win}(i,k)} \sum X\,,\ \forall\ X \in \{X \mid I_{win,i,k}(X) = 1\}\,, \tag{5.32}$$

wobei für die Fensterfläche in Pixeln, die gleich dem Fenstervolumen in Voxeln ist, gilt $V_{win}(i,k) = \sum_X I_{win,i,k}(X)$. Somit berechnet sich der Richtungsvektor zwischen Poren- und Fenstermittelpunkt zu

$$\vec{n}_{pore,win}(i,k) = X_{win}(i,k) - X_{pore}(i)\ . \tag{5.33}$$

Weiterhin wird ein zweiter Vektor $\vec{n}_v$ gebildet. Dieser zeigt in die Richtung des arithmetischen Mittels der Geschwindigkeitskomponenten in x-, y- und z-Richtung der Voxel des Fensters k. Wie zuvor beim Geschwindigkeitsbetrag müssen dazu zunächst die Geschwindigkeitsbilder I_{vx}, I_{vy} und I_{vz} jeweils mit dem Binärbild des Fensters k voxelweise multipliziert werden ($I_{win,i,k,vx} = I_{vx} * I_{win,i,k}$, usw.).

$$\vec{n}_v(i,k) = \begin{pmatrix} \sum_X I_{win,i,k,vx}(X) \\ \sum_X I_{win,i,k,vy}(X) \\ \sum_X I_{win,i,k,vz}(X) \end{pmatrix} \tag{5.34}$$

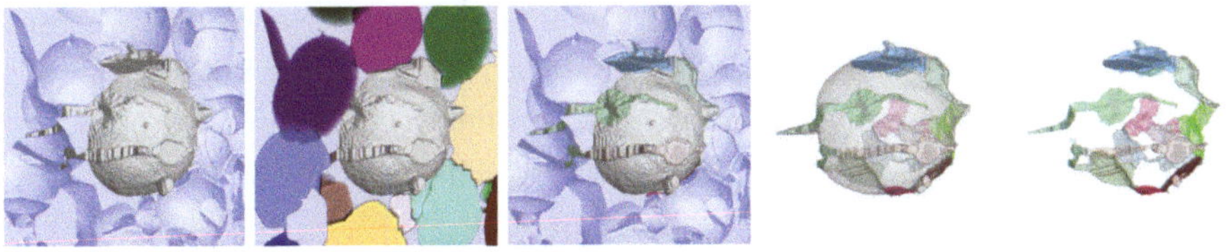

Abb. 5.19: Fenster einer Pore am Beispiel der Probe D20T10N6. *V.l.n.r.*: Schnittansicht des Filters (violett) mit hervorgehobener Pore (grau, nicht von der Schnittebene abgeschnitten); Farblich hervorgehobene Nachbarporen; Farblich hervorgehobene Fenster zwischen Pore und Nachbarporen (Farben stimmen nicht mit vorigem Bild überein); Pore mit Fenstern ohne Filter; Fenster ohne Pore und Filter.

Schließlich kann die Gleich- bzw. Gegenläufigkeit der beiden Vektoren $\vec{n}_{pore,win}$ und $\vec{n}_v$ ermittelt werden, indem das Skalarprodukt gebildet wird. Dabei gilt für das Vorzeichen des Volumenstroms

$$\text{sgn}(\dot{V}_{i,k}) = \begin{cases} 1 & \text{für } \vec{n}_{pore,win} \cdot \vec{n}_v < 0 \text{ (gegenläufig, in die Pore hinein)} \\ -1 & \text{für } \vec{n}_{pore,win} \cdot \vec{n}_v > 0 \text{ (gleichläufig, aus der Pore heraus)} \end{cases}, \tag{5.35}$$

wodurch eine Menge eingehender $\dot{V}_{i,ein,e}$ bzw. ausgehender Volumenströme $\dot{V}_{i,aus,a}$ je Pore i entsteht. Ein Fenster bei welchem das Skalarprodukt identisch null ist, also beide Vektoren senkrecht zueinander stehen oder einer der Vektoren identisch null ist, wird von der weiteren Auswertung ausgeschlossen.

Im Folgenden werden alle ein- und ausgehenden Volumenströme einer Pore bilanziert. Da bei einer fehlerfreien Zuordnung aufgrund der Masseerhaltung die Summe aller eingehenden Volumenströme gleich der Summe aller ausgehenden Volumenströme in einer Pore ist, wird diese Tatsache zur Beurteilung der Güte der berechneten Beträge und Vorzeichen der Volumenströme über allen Porenverbindungen in den Filtern D20T10N4...N6 verwendet. Dazu wird ein Kriterium K eingeführt, welches je Pore i definiert wird als

$$K(i) = \frac{\sum_e \dot{V}_{i,ein,e} + \sum_a \dot{V}_{i,aus,a}}{\max\left(\sum_e |\dot{V}_{i,ein,e}|, \sum_a |\dot{V}_{i,aus,a}|\right)}. \tag{5.36}$$

Ist die Summe der eingehenden gleich der Summe der ausgehenden Volumenströme, so ist der Zähler des Kriteriums identisch null, da beide Mengen unterschiedliche

Vorzeichen haben. Im ungünstigsten Fall ist die Summe einer Menge null, während die Summe der anderen Menge ungleich null ist. Hier wird das Kriterium $K = 1$ bei nicht vorhandenen ausgehenden Volumenströmen oder $K = -1$ bei nicht vorhandenen eingehenden Volumenströmen. Die Häufigkeit der Kriterien wird in Abbildung 5.20 (blau gepunktete Linien) für jeweils alle Poren der untersuchten Filter dargestellt. Gleichzeitig wird die Summenhäufigkeit des Betrags des Kriteriums K abgebildet (orange durchgezogene Linien). Eine ideale Häufigkeitsverteilung würde lediglich ein Maximum bei $K = 0$ aufweisen und wäre ansonsten identisch null. Die Summenhäufigkeit würde in diesem Fall bei $K = 0$ von 0 % auf 100 % springen. Einen Beitrag zur abgebildeten Häufigkeitsverteilung liefern dabei nur solche Poren, für welche gilt: max $\left(\sum_e |\dot{V}_{i,ein,e}|, \sum_a |\dot{V}_{i,aus,a}|\right) > 0{,}1\,\mathrm{mm}^3/\mathrm{s}$.

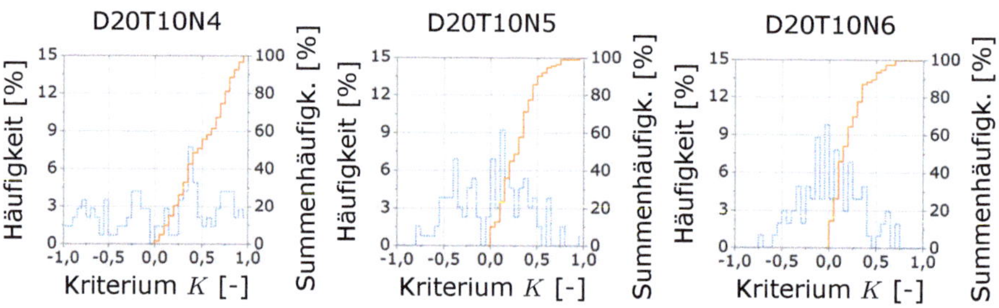

Abb. 5.20: Bewertung der Berechnung der Volumenströme je Porenfenster der Proben D20T10N4...N6 (*v.l.n.r.*). Gepunktet und blau wird die anzahlbezogene Häufigkeitsverteilung sowie durchgezogen und orange die Summenhäufigkeit des Kriteriums K der Volumenströme je Fenster und Pore dargestellt.

Deutlich zu erkennen sind die qualitativen Unterschiede zwischen den Proben. Während das Kriterium in den Poren der Probe D20T10N4 etwa gleichverteilt ist, zeigt sich bei den anderen beiden Proben eine um $K = 0$ normalverteilte Häufigkeit. Die Grenzen des Intervalls der Standardabweichung σ, dem Wert des Kriteriums K bei dem die Summenhäufigkeit den Wert 68,3 % beträgt, liegen bei $K \approx \pm\, 0{,}25$ (...N6), $K \approx \pm\, 0{,}33$ (...N5) bzw. $K \approx \pm\, 0{,}66$ (...N4). Die Berechnung der Volumenströme über Porenfenster in den Proben D20T10N5 & D20T10N6 kann aufgrund der geringen Standardabweichung als verlässlich angesehen werden. Im Fall der Probe D20T10N4 weichen die Summen der ein- bzw. ausgehenden Volumenströme je Pore oft zum Teil stark voneinander ab, so dass hier die Volumenströme je Porenfenster nicht verlässlich ausgewertet werden können.

Ursache für diese Unterschiede können im Rauschen der Messwerte liegen. Das

SNR der Probe D20T10N4 ist aufgrund geringerer Messzeit deutlich niedriger als das SNR der anderen beiden Proben (siehe Tabelle 3.7). Hinzu kommt, dass der Messbereich VENC nach Gleichung (4.5) ebenfalls einen Einfluss auf die Genauigkeit der gemessenen Geschwindigkeiten hat. Je kleiner der Messbereich ist, umso genauer ist die Geschwindigkeitsmessung. Bei der Probe D20T10N4 wurde ein vergleichsweise großer VENC, vor allem in x- und y-Richtung, verwendet (vgl. Tabelle 3.7). Die Probe D20T10N6 wiederum weist den geringsten VENC auf. Im Fall der Probe D20T10N4 kann also davon ausgegangen werden, dass die berechneten Volumenströme aufgrund des Messwertrauschens für eine Bilanzierung zu ungenau sind. Eine weitere Auswertung dieser Probe ist demnach nicht sinnvoll. Als Fazit kann festgehalten werden, dass vor allem bei den Proben D20T10N5/N6, also bei Proben mit hohem SNR, die Bilanzierung der Volumenströme je Pore in guter Näherung erfüllt wird. Um die Konzentration der Partikel in der Suspension c_l im Filter je Pore berechnen zu können, muss, wie bereits erwähnt, auch die Änderung des Volumens abgelagerter Partikel ΔV_p je Pore zwischen zwei Zeitschritten quantitativ bestimmt werden. Dies soll im folgenden Abschnitt diskutiert werden.

Bestimmung des quantitativen Volumenanteils abgeschiedener Partikel je Pore

Der Volumenanteil an Partikeln je Pore, in Abhängigkeit von der Filtrationszeit τ, wird nach Gleichung (4.9) bestimmt. Grundlage der Berechnung ist das binarisierte Röntgentomogramm $I_{\tau,bin}$ des Filters und der Partikelabscheidungen zum Zeitpunkt τ. Die Binarisierung erfolgte mit einem globalen Grenzwert th, welcher so gewählt wurde, dass das am zweitstärksten absorbierende Material, die Filterkeramik, die Binarisierungsbedingung nicht erfüllt und somit nicht zur Partikelphase gezählt wird. Demnach werden Voxel mit einem Grauwert kleiner als th behandelt, als wären keine Partikel enthalten – Voxel mit einem Grauwert größer gleich th entsprechend, als wäre das gesamte Volumen des Voxels mit Partikeln gefüllt. Dieser Vorgang stellt eine Vereinfachung dar und ist nicht gleichzusetzen mit einer exakten quantitativen Erfassung des Partikelvolumens je Pore.

Prinzipiell kann dies jedoch erreicht werden, indem der Grauwert des Voxels im Bild $I_{\tau,med}$ vor der Binarisierung zur Bestimmung des Partikelanteils im Voxel verwendet wird. In einem Voxel befinden sich dabei oft mehrere Materialien, sei es, weil der Voxel auf einer Phasengrenze liegt oder weil ein Partikel kleiner ist als ein Voxel. Der resultierende Grauwert des Voxels setzt sich dann aus den mittleren Grauwerten der einzelnen Materialien entsprechend dem Konzentrationsverhältnis zusammen. Voraussetzung zur Bestimmung der Partikelkonzentration ist, dass die mittleren Grauwerte aller vorhandenen Materialien bekannt sein müssen. Die größ-

te Herausforderung in diesem Zusammenhang stellt die Partikelphase selber dar, welche als größeres, mehrere Voxel umfassendes und nicht-poröses Volumen vorliegen muss. Zinnasche, also das Material der in dieser Arbeit untersuchten Partikel, kann bspw. in größeren Stücken bis 12 mm Durchmesser hergestellt werden (SN4-OX-02-PCS, American Elements, USA [91]). Sind diese Voraussetzungen erfüllt, kann versucht werden, dass Grauwertbild in die Konzentrationsanteile der einzelnen Materialien zu zerlegen. Für mehrere Materialien ist dies bspw. mit dem von Günther und Odenbach entwickelten Verfahren [41] möglich. Betrachtet man nur den Porenraum der Filter, kann die Problemstellung auf das Zweimaterialsystem aus Wasser und Partikeln reduziert werden. Das heißt, dass der Grauwert eines Voxels lediglich von den mittleren Grauwerten der beiden Materialien abhängt, wobei Rauschen hier zunächst vernachlässigt werden soll.
Im Weiteren gilt es, auf Basis der Messdaten eine Kalibrationsgerade zu erstellen, welche den genauen Zusammenhang zwischen Grauwert und Volumenanteil an Partikeln in einem Voxel wiedergibt. Somit ließen sich die exakten Partikelanteile je Pore auch rückwirkend berechnen. Die Umsetzung dieses Verfahrens und damit auch die genaue Bestimmung der Konzentration an Partikeln in der Suspension c_l wurde aus zeitlichen Gründen nicht mehr im Rahmen dieser Arbeit durchgeführt und ist somit Gegenstand weiterführender Arbeiten.

6 Zusammenfassung und Ausblick

6.1 Zusammenfassung

Der Transport und die Ablagerung kolloidal suspendierter Partikel in porösen Medien, z.B. in Tiefenfiltern, spielen eine Rolle in zahlreichen natürlichen sowie technischen Prozessen. Der Einfluss bestimmter Parameter auf die Prozessgrößen, wie bspw. die Verteilung der Partikelbeladung im Filter, ist bei gegebenen Filterstrukturen auch heutzutage ohne empirische Untersuchungen kaum zu bestimmen. Das langfristige Ziel der Untersuchungen des Tiefenfiltrationsprozesses ist es demnach, Zusammenhänge zwischen den Einflussparametern und den Prozessgrößen quantitativ zu beschreiben.

Im Rahmen dieser Arbeit wurde der Tiefenfiltrationsprozess, also die Ablagerung kolloidal suspendierter Partikel in einem porösen Medium, experimentell untersucht. Zur Untersuchung wurde ein Modellsystem verwendet, welches aus monolithischen, offenporigen Filterkeramiken und in destilliertem Wasser suspendierten Zinnaschepartikeln bestand. Die keramische Phase des Filters bildet den Hohlraum einer Kugelschüttung ab. Näherungsweise können die Keramiken somit als Modellfilter für Schwämme und Schäume betrachtet werden. Das ζ-Potential der Filter ist negativ. Da gleiches für die Partikel gilt, werden diese an der Filteroberfläche elektrostatisch abgestoßen. Der Filtrationsprozess ist also durch das Vorhandensein einer Energiebarriere bei der Partikelablagerung charakterisiert. Weiterhin wurde eine Filtrationszelle entwickelt, welche die Erzeugung von Strömungsbypässen um den Filter verhinderte.

Der Schwerpunkt der experimentellen Untersuchungen lag auf der Kombination zweier bildgebender Messverfahren: Röntgenmikrotomographie (µCT) und Magnetresonanztomographie (MRT). Dieser kombinierte Ansatz zur experimentellen Untersuchung von Partikelablagerungen stellt das grundlegende Novum der Arbeit dar.

Die µCT entwickelte sich im letzten Jahrzehnt zu einer etablierten Messmethode bei experimentellen Untersuchungen von porösen Materialien im Allgemeinen und Tiefenfiltrationsprozessen im Besonderen. Das Messverfahren ermöglicht die Abbildung des Filters sowie darin abgelagerter Partikel mit hoher räumlicher Auflösung im Mikrometerbereich.

Die Geschwindigkeit bzw. das Geschwindigkeitsfeld der Trägerflüssigkeit im Filter ist neben der Filtergeometrie eine weitere Größe mit erheblichem Einfluss auf den Fil-

trationsprozess. Hierzu wurde die MRT hinzugezogen, welche Methoden zur quantitativen Messung der Geschwindigkeit von Wasserstoffkernen, wie sie im Wassermolekül enthalten sind, zur Verfügung stellt. Die verwendete Geschwindigkeitsmessmethode wurde von der Arbeitsgruppe In-vivo-MR der Universität Bremen für den hier untersuchten Fall optimiert.
Die Ergebnisse der beiden bildgebenden Messverfahren µCT und MRT sind dreidimensionale Grauwertbilder. Der Datensatz der µCT enthält die Entwicklung der räumlichen Partikelablagerungen im Filter in diskreten Zeitschritten. Der Datensatz der MRT bildet das stationäre Geschwindigkeitsfeld des Fluids im Filter ab. Beide Datensätze wurden manuell registriert, um im Weiteren die Wechselwirkungen zwischen der lokalen Geschwindigkeit und den Partikelablagerungen zu studieren.

Die Auswertung der Daten erfolgte zumeist auf Basis der Poren der Filter. Aus den röntgentomographischen Aufnahmen geht dabei hervor, dass Partikel hauptsächlich an den Böden der Poren zurückgehalten werden. Die Sedimentation kann demnach im hier untersuchten Modellsystem als hauptsächlicher Antransportmechanismus angenommen werden.
Weiterhin wurde gezeigt, dass sich der Anteil abgelagerter Partikel in einigen Poren mit fortschreitender Filtrationszeit verringerte. Die Schlussfolgerung ist, dass die Partikel nicht stark an den Filter gebunden sind und wieder in die Suspension übergehen können. Dieser Schluss wird zusätzlich dadurch gestützt, dass sich Partikel und Filter elektrostatisch abstoßen.
Bei den untersuchten monolithischen Filtern standen jeweils mehrere Proben mit zwei unterschiedlichen mittleren Porendurchmessern zur Verfügung. In vergleichenden Messungen konnte gezeigt werden, dass Filter mit kleineren Poren nach der selben Filtrationszeit anteilig mehr Partikel unter sonst gleichen Bedingungen aufwiesen als Filter mit größeren Poren. Die Effizienz der Partikelablagerung sinkt demnach mit steigendem mittlerem Porendurchmesser des Filters. Diese Aussage ist in Übereinstimmung mit der Erwartungshaltung auf Basis theoretischer Überlegungen.
Es konnte außerdem gezeigt werden, dass die erarbeitete quantitative Geschwindigkeitsmessmethode mittels MRT [46] die Geschwindigkeitsfelder in den untersuchten Filtern mit hoher Güte abbildet. Der Volumenstrom, welcher durch Integration der gemessenen Geschwindigkeiten ermittelt wurde, ist mit einer maximalen Abweichung von $\pm$ 25% (Proben D20T10N4 & D20T10N5) bzw. $\pm$ 10 % (Probe D20T10N6) in guter Übereinstimmung mit dem pumpenseitig eingestellten Wert.
Die Kombination von µCT und MRT erlaubte detailliertere Einblicke in den Tiefenfiltrationsprozess. Hierbei wurde für jede Pore der Volumenanteil an Partikeln je

untersuchter Filtrationszeit bestimmt. Als Strömungskenngröße wurde eine Poren-Reynoldszahl basierend auf dem Porendurchmesser gebildet. Die Auftragung des Partikelvolumenanteils über der Reynoldszahl liefert charakteristische Diagramme, aus denen hervorgeht, dass stark durchströmte Poren mit hoher Reynoldszahl, trotz eines damit einhergehenden hohen Partikeleintrags, nicht den höchsten Anteil abgelagerter Partikel aufweisen. Der Grund ist, dass in Poren mit hohen Reynoldszahlen aufgrund starker Geschwindigkeitsgradienten auch hohe Scherspannungen vorhanden sind, welche für eine Partikelablagerung nicht förderlich sind. Mit einer vereinfachten Methode zur Berechnung der Scherspannungsverteilung wurde bestätigt, dass Reynoldszahlen und Scherspannungen positiv korrelieren.
In Poren mit niedrigeren Reynoldszahlen hängt der Volumenanteil abgelagerter Partikel hauptsächlich von der axialen Position der Pore ab. Um den Volumenanteil an Partikeln in einzelnen Poren vorherzusagen, müssen jedoch weitere Größen, wie die topologische Umgebung einer Pore sowie der Anteil an Partikeln in der Suspension im Filter, bestimmt werden. Aus diesem Grund wurde eine Methode erarbeitet, mit welcher der Partikelanteil in der Suspension im Filter bestimmt werden kann. Hierfür wird sowohl die µCT als auch die MRT benötigt. Bisher war diese Größe experimentell nicht zugänglich. Auf Basis der magnetresonanztomographischen Daten wurde der Volumenstrom über Porenfenster bestimmt. Es konnte gezeigt werden, dass dies mit der verwendeten Geschwindigkeitsmessmethode zufriedenstellend funktioniert. Außerdem muss der Volumenanteil an Partikeln in einer Pore auf Basis röntgentomographischer Daten quantitativ bestimmt werden. Da der Partikelanteil in einer Pore im Rahmen dieser Arbeit auf der Grundlage von Binärbilder bestimmt wurde, wurde dies im Rahmen dieser Arbeit nicht durchgeführt. In zukünftigen Untersuchungen sollte die quantitative Bestimmung des Volumenanteils an Partikeln je Pore bzw. Voxel jedoch realisiert werden. Somit kann dann auch der Partikelanteil in der Suspension im Filter berechnet werden.

6.2 Ausblick

Die Kombination der beiden Messverfahren µCT und MRT kann in weiterführenden Arbeiten genutzt werden, um weitere Einblicke in den Tiefenfiltrationsprozess zu gewinnen. Dabei ist es vor allem notwendig die Anzahl untersuchter Filter zu erhöhen, um statistisch belegte Aussagen zu treffen. Diese sollten außerdem durch numerische Simulationen ergänzt werden, wobei experimentelle Untersuchungen weiterhin unabdingbar sind um die numerischen Ergebnisse zu validieren. In diesem Zusammenhang sollten relevante Prozessgrößen variiert werden. Dies ermöglicht gezielt den Einfluss dieser Parameter auf den Prozess zu verstehen. Die größte Herausforderung ist dabei, dass der Prozess der Tiefenfiltration von einer großen Anzahl von Einflussgrößen bestimmt wird. Die Vorschläge für weiterführende Arbeiten gliedern sich demnach in die Hauptpunkte

1. Weiterführung der kombinierten experimentellen Untersuchung mittels µCT und MRT
2. Variation prozessrelevanter Parameter
3. Optimierung der Filtrationszelle

und sollen im Folgenden im Detail ausgeführt werden.

6.2.1 Weiterführung der kombinierten experimentellen Untersuchung mittels µCT und MRT

Nachdem die Kombination von µCT und MRT im Rahmen dieser Arbeit methodisch analysiert und etabliert sowie an drei Filtern angewendet wurde, kann in zukünftigen Untersuchungen eine größere Anzahl an Filtern untersucht werden. Zum einen wird die statistische Signifikanz erhöht, zum anderen lassen sich einige Größen gezielt untersuchen. Zum Beispiel muss ermittelt werden, inwiefern der Winkel ein- und ausgehender Volumenströme durch Porenverbindungen (Fenster) die Partikelablagerung in einer Pore beeinflusst. In der vorliegenden Arbeit sind in den drei untersuchten Proben insgesamt nicht genügend Poren vorhanden, um diese Größen statistisch auswerten zu können.
Darüber hinaus können physikalische Größen bestimmt werden, zu welchen bis dato kein messtechnischer Zugang vorhanden war. Ein Beispiel ist die in Kapitel 5.3.2 schon angesprochene Bestimmung der Konzentration der Partikel in der Suspension c_l sowie die Änderung dieser Größe im Filter. Da hierbei eine genaue quantitative Bestimmung des Partikelanteils je Voxel in röntgentomographischen Aufnahmen notwendig ist, konnte diese Größe im Rahmen dieser Arbeit noch nicht ermittelt werden. Da die Partikel üblicherweise kleiner als die Voxel sind, muss ein Zusammenhang zwischen dem Partikelanteil im Voxel und dem daraus resultierenden Grauwert hergestellt werden. Wird ein genaues Quantifizierungsverfahren angewendet – bspw. das Bildzerlegungsverfahren von Günther [41], welches auf die Bestimmung von Partikelkonzentrationen ausgerichtet ist, oder das Grauwert-Kalibrierverfahren von Rahn [94] [95] – so kann die genaue Konzentration an Partikeln im Filter ermittelt werden und eine Massebilanzierung der Partikel je Pore erfolgen. Diese bildet, zusammen mit der Berechnung der Volumenströme je Porenfenster auf Basis der magnetresonanztomographischen Messungen, die Basis für die Ermittlung von c_l.

6.2.2 Variation prozessrelevanter Parameter

Um den Einfluss bestimmter Parameter auf den Gesamtprozess zu beschreiben, sind Experimente mit gezielter Parametervariation erforderlich. Einen Überblick über prozessrelevante Größen bieten die Gleichungen (2.9) und (2.11), mit welchen die Filtereffizienz Λ bzw. der Ablagerungskoeffizient k_f ermittelt werden. Im Rahmen dieser Arbeit wurde bspw. im Kapitel 5.1.3 die Porengröße der untersuchten Filter variiert – mit dem Ergebnis, dass bei kleineren Poren die Menge zurückgehaltener Partikel je Zeit im Filter steigt. Da der Prozess im Wesentlichen vom Filter, den Partikeln sowie dem Geschwindigkeitsfeld der Trägerflüssigkeit bestimmt wird, sollen die Einflussparameter anhand dieser Unterteilung kurz diskutiert werden.

- *Filter*
  Wie bereits in Kapitel 3.1.1 erwähnt, kann neben der Porengröße an den in dieser Arbeit untersuchten Filtern auch die Benetzungseigenschaft der Oberfläche eingestellt werden (vergleiche Tabelle 3.1). Der Einfluss dieser Größe auf die Partikelablagerung kann in zukünftigen Arbeiten untersucht werden. Neben der Porengröße beeinflusst die Porosität als weiterer Parameter des Filters die Partikelablagerung. Inwiefern die Porosität an den untersuchten keramischen Monolithen eingestellt werden kann, muss hierbei zunächst geklärt werden. Weitere relevante Parameter sind bspw. die Größe der Fenster (Porenverbindungen), die Rauheit der Filteroberfläche sowie deren ζ-Potenzial. Dabei muss beachtet werden, dass einige Parameter (z.B. das Oberflächen-Volumen-Verhältnis oder die Tortuosität eines Filters) von bereits genannten Größen (z.B. Porendurchmesser, Fensterdurchmesser) abhängig sind.
  Natürlich können auch vollkommen andere Filter verwendet werden. Mit Hilfe der Verwendung von additiven Fertigungstechniken (3D-Druck) lassen sich grundsätzlich virtuell generierte Filter ökonomisch herstellen, wobei hier eine hohe Freiheit im Design besteht. Die Parameter dieser Filter ließen sich frei variieren und gezielt einstellen.

- *Partikel*
  Besonders relevant ist hier die Variation der Partikelgröße. Neben einer monomodalen Partikelgrößenverteilung kann darüber hinaus auch eine realistischere polymodale Verteilung untersucht werden. Bisher nicht betrachtet wurde der Einfluss der Partikelform.
  Weiterhin, wie auch schon beim Filter, ist der Einfluss des ζ-Potenzials zu untersuchen. Das ζ-Potenzial des Filters und der Partikel ist entscheiden dafür, ob eine elektrostatische Anziehung oder Abstoßung vorhanden ist. Diese Tat-

sache hat einen signifikanten Einfluss auf den Prozess der Partikelablagerung (siehe u.a. [66] [67] [57]).

- *Fluid/Strömung*
  Besonders interessant ist eine Variation der Strömungsgeschwindigkeit bzw. des Volumenstroms.
  Da in den meisten Anwendungen Wasser das Trägermedium ist, muss einer Untersuchung der Viskosität bzw. Dichte des Fluids zunächst nicht die höchste Priorität eingeräumt werden. Nichtsdestotrotz ist auch der Einfluss dieser Größen von Interesse. Darüber hinaus kann auch das Vorhandensein einer zweiten fluiden Phase die Durchströmung und somit die Partikelablagerung beeinflussen. In natürlichen oder industriellen Prozessen ist dies bspw. in Form eines Wasser-Luft-Gemisches üblich, wobei die Partikelablagerung vermehrt an den Phasengrenzen auftritt [27] [90].

Insgesamt kann der große Parameterraum experimentell kaum abgedeckt werden. Zielführend kann hier vielmehr eine kombinierte Vorgehensweise aus experimentellem und numerischem Ansatz sein, bei dem experimentelle Untersuchungen numerische Ergebnisse an gewählten Stützstellen validieren. Zahlreiche numerische Methoden zur Modellierung der Ablagerung kolloidaler Partikel wurden bereits in den letzten Jahren entwickelt und angewendet (siehe u.a. [55] [70] [56] [65] [68] [37] [96] [69] [12]). Die in Kooperation mit dieser Arbeit entstandene quantitative Geschwindigkeitsmessmethode mittels MRT [46] bietet in diesem Zusammenhang eine neue Validierungsmöglichkeit der numerischen Strömungssimulationen.

6.2.3 Optimierung der Filtrationszelle

Beim Design der in dieser Arbeit verwendeten Filtrationszelle wurde Wert auf eine Verhinderung von Strömungsbypässen gelegt. Erreicht wurde dies, indem der Filter zwischen Ein- und Auslauf platziert und mittels Schrumpfschläuchen abgedichtet wurde. Nachteilig wirkt sich dieses Design auf die mechanische Stabilität der Filtrationszelle aus. Da die Filtrationszelle zwischen CT und MR Scanner hin und her transportiert werden muss, wäre eine höhere mechanische Stabilität wünschenswert – bspw. in Form einer elaborierten einteiligen Ausführung.
Ebenfalls verbessert werden können die Referenzobjekte, welche zur Registrierung der Bilddatensätze an der Filtrationszelle angebracht wurden. Verwendet wurden individuell zugeschnittene, mit Wasser gefüllte Kunststoffröhrchen, welche an beiden Enden durch lokalen Wärmeeintrag und der daraus resultierenden Materialschrumpfung versiegelt wurden. Idealer wäre hierbei eine einheitliche Ausführung. Diese könnte bspw. bereits im Design der Filtrationszelle berücksichtigt werden.

Literaturverzeichnis

[1] 3DSlicer. https://www.slicer.org, aufgerufen am 12.06.2017.

[2] H. S. Abdul-Rahman, M. A. Gdeisat, D. R. Burton, M. J. Lalor, F. Lilley und C. J. Moore. Fast and robust three-dimensional best path phase unwrapping algorithm. *Applied Optics*, 46(26):6623, 2007.

[3] M. Adam, S. Kocanis, T. Fey, M. Wilhelm und G. Grathwohl. Hierarchically ordered foams derived from polysiloxanes with catalytically active coatings. *Journal of the European Ceramic Society*, 34(7):1715–1725, 2014.

[4] Y. A. F. Adou, V. S. Muhandiki, Y. Shimizu und S. Matsui. Experimental and modeling investigations of wastewater filtration. *Desalination*, 202(1-3):182–190, 2007.

[5] J. Ahrens, B. Geveci und C. Law. ParaView: An End-User Tool for Large-Data Visualization. In *Visualization Handbook*, Seiten 717–731. Elsevier, 2005.

[6] F. A. H. Al-Abduwani, R. Farajzadeh, W. M. G. T. Van Den Broek, P. K. Currie und P. L. J. Zitha. Filtration of micron-sized particles in granular media revealed by x-ray computed tomography. *Review of Scientific Instruments*, 76(10):1–6, 2005.

[7] M. Auset und A. A. Keller. Pore-scale visualization of colloid straining and filtration in saturated porous media using micromodels. *Water Resources Research*, 42(12):1–9, 2006.

[8] E. Battenberg und I. Bischofs-Pfeifer. A System for Automatic Cell Segmentation of Bacterial Microscopy Images. Technical report, Arkin Laboratory for Dynamical Genomics, Lawrence Berkeley National Laboratory, 2006.

[9] P. Bedrikovetsky, A. Zeinijahromi, F. D. Siqueira, C. A. Furtado und A. L. S. de Souza. Particle Detachment Under Velocity Alternation During Suspension Transport in Porous Media. *Transport in Porous Media*, 91(1):173–197, 2012.

[10] S. Beucher. Segmentation tools in Mathematical Morphology. In *Proceedings of SPIE*, volume 1350, Seiten 70–84, 1990.

[11] S. Beucher und C. Lantuéjoul. Use of watersheds in contour detection. In *Int. Workshop on Image Processing, Real-time edge and motion detection/estimation, CCETT/INSA/IRISA, IRISA Report 132*, Seiten 2.1–2.12, Rennes, 1979.

[12] E. S. Boek, C. Hall und P. M. J. Tardy. Deep Bed Filtration Modelling of Formation Damage Due to Particulate Invasion from Drilling Fluids. *Transport in Porous Media*, 91(2):479–508, 2012.

[13] S. A. Bradford, J. Simunek, M. Bettahar, M. T. Van Genuchten und S. R. Yates. Significance of straining in colloid deposition: Evidence and implications. *Water Resources Research*, 42(12):1–16, 2006.

[14] S. A. Bradford, S. Torkzaban, F. Leij, J. Šimůnek und M. T. Van Genuchten. Modeling the coupled effects of pore space geometry and velocity on colloid transport and retention. *Water Resources Research*, 45(2):1–15, 2009.

[15] J. M. Bray, E. G. Lauchnor, G. D. Redden, R. Gerlach, Y. Fujita, S. L. Codd und J. D. Seymour. Impact of Mineral Precipitation on Flow and Mixing in Porous Media Determined by Microcomputed Tomography and MRI. *Environmental Science and Technology*, 51(3):1562–1569, 2017.

[16] A. Brenner, S. Shandalov und R. Messalem. Wastewater Reclamation for Agricultural Reuse in Israel: Trends and Experimental Results. *Water, Air, and Soil Pollution*, 123:167–182, 2000.

[17] T. R. Brosten, E. O. Fridjonsson, S. L. Codd und J. D. Seymour. NMR measurement of the transport dynamics of colloidal particles in an open cell polymer foam porous media. *Journal of Colloid and Interface Science*, 349(1):384–391, 2010.

[18] D. J. Bryant, J. A. Payne, D. N. Firmin und D. B. Longmore. Measurement of flow with NMR imaging using a gradient pulse and phase difference technique. *Journal of computer assisted tomography*, 8(4):588–593, 1984.

[19] S. Buetehorn, L. Utiu, M. Küppers, B. Blümich, T. Wintgens, M. Wessling und T. Melin. NMR imaging of local cumulative permeate flux and local cake growth in submerged microfiltration processes. *Journal of Membrane Science*, 371(1-2):52–64, 2011.

[20] T. M. Buzug. *Einführung in die Computertomographie Mathematisch-physikalische Grundlagen der Bildrekonstruktion*. Springer-Verlag Berlin Heidelberg, 2005.

[21] J. F. Carstens, J. Bachmann und I. Neuweiler. Effects of flow interruption on transport and retention of iron oxide colloids in quartz sand. *Colloids and Surfaces A: Physicochemical and Engineering Aspects*, 520(February):532–543, 2017.

[22] C. Chen, B. L. T. Lau, J.-F. Gaillard und A. I. Packman. Temporal evolution of pore geometry, fluid flow, and solute transport resulting from colloid deposition. *Water Resources Research*, 45(6):1–12, 2009.

[23] C. Chen, A. I. Packman und J. F. Gaillard. Pore-scale analysis of permeability reduction resulting from colloid deposition. *Geophysical Research Letters*, 35(7):1–5, 2008.

[24] G. Chen. Electrochemical technologies in wastewater treatment. *Separation and Purification Technology*, 38(1):11–41, 2004.

[25] O. Chupin, N. Saiyouri und P. Y. Hicher. The effects of filtration on the injection of cement-based grouts in sand columns. *Transport in Porous Media*, 72(2):227–240, 2008.

[26] F. Civan, R. M. Knapp und H. A. Ohen. Alteration of permeability by fine particle processes. *Journal of Petroleum Science and Engineering*, 3(1-2):65–79, 1989.

[27] J. T. Crist, J. F. McCarthy, Y. Zevi, P. C. Baveye, J. a. Throop und T. S. Steenhuis. Pore-Scale Visualization of Colloid Transport and Retention in Partly Saturated Porous Media. *Vadose Zone Journal*, 3(2):444–450, 2004.

[28] G. V. Dalen, H. Blonk, H. V. Aalst und C. L. Hendriks. 3-D Imaging of Foods Using X-Ray Microtomography. *GIT Imaging and Microscopy*, 3:18–21, 2003.

[29] B. V. Derjaguin und L. Landau. Theory of the stability of strongly charged lyophobic sols and of the adhesion of strongly charged particles in solutions of electrolytes. *Acta Physicochim: USSR*, 14(1-4):633–662, 1941.

[30] DIPimage. http://www.diplib.org, aufgerufen am 12.06.2017.

[31] C. J. Dirckx, S. A. Clark, L. D. Hall, B. Antalek, J. Tooma, J. M. Hewitt und K. Kawaoka. Magnetic resonance imaging of the filtration process. *AIChE Journal*, 46(1):6–14, 2000.

[32] C. J. Elkins und M. T. Alley. Magnetic resonance velocimetry: Applications of magnetic resonance imaging in the measurement of fluid motion. *Experiments in Fluids*, 43(6):823–858, 2007.

[33] A. Fedorov, R. Beichel, J. Kalphaty-Cramer, J. Finet, J.-C. Fillion-Robbin, S. Pujol, C. Bauer, D. Jennings, F. Fennessy, M. Sonka, J. Buatti, S. Aylward, J. V. Miller, S. Pieper und R. Kikinis. 3D slicers as an image computing platform for the quantitative imaging network. *Magnetic resonance imaging*, 30(9):1323–1341, 2012.

[34] L. A. Feldkamp, L. C. Davis und J. W. Kress. Practical cone-beam algorithm. *Journal of the Optical Society of America A*, 1(6):612–619, 1984.

[35] X. Fu, M. Dutt, A. C. Bentham, B. C. Hancock, R. E. Cameron und J. A. Elliott. Investigation of particle packing in model pharmaceutical powders using X-ray microtomography and discrete element method. *Powder Technology*, 167(3):134–140, 2006.

[36] J.-F. Gaillard, C. Chen, S. H. Stonedahl, B. L. T. Lau, D. T. Keane und A. I. Packman. Imaging of colloidal deposits in granular porous media by X-ray difference micro-tomography. *Geophysical Research Letters*, 34(18):1–5, 2007.

[37] H. Gao, C. Q. Qiu, D. Fan, Y. Jin und L. P. Wang. Three-dimensional microscale flow simulation and colloid transport modeling in saturated soil porous media. *Computers and Mathematics with Applications*, 59(7):2271–2289, 2010.

[38] H. Gasper. Projektierung und Optimierung von Fest/Flüssig-Filtrationssystemen. *Chemie Ingenieur Technik*, 76(6):746–750, 2004.

[39] L. F. Gladden und A. J. Sederman. Recent advances in Flow MRI. *Journal of Magnetic Resonance*, 229:2–11, 2013.

[40] S. Günther. *Untersuchung von Tiefenfiltrationsprozessen an einer Labortomographieanlage*. Doktorarbeit, Technische Universität Dresden, 2015.

[41] S. Günther und S. Odenbach. A Method for Image Decomposition and Particle Quantification in Multiphase Systems. *Transport in Porous Media*, 112(1):105–116, 2016.

[42] D. A. Hanaor, L. Hu, W. H. Kan, G. Proust, M. Foley, I. Karaman und M. Radovic. Compressive performance and crack propagation in Al alloy/Ti2AlC composites. *Materials Science and Engineering A*, 672:247–256, 2016.

[43] J. Happel. Viscous flow in multiparticle systems: Slow motion of fluids relative to beds of spherical particles. *AIChE Journal*, 4(2):197–201, 1958.

[44] M. Heiland. *Transportprozesse in porösen Medien am Beispiel der Tiefenfiltration*. Doktorarbeit, Universität Bremen, 2014.

[45] G. N. Hounsfield. Computerized transverse axial scanning (tomography): Part 1. Description of system. *The British journal of radiology*, 46(552):1016–1022, 1973.

[46] L. Huang, G. Mikolajczyk, E. Küstermann, M. Wilhelm, S. Odenbach und W. Dreher. Adapted MR velocimetry of slow liquid flow in porous media. *Journal of Magnetic Resonance*, 276:103–112, 2017.

[47] ImageJ. https://imagej.nih.gov/ij/docs/guide, aufgerufen am 27.03.2017.

[48] F. Irgens. *Continuum Mechanics*. Springer-Verlag Berlin Heidelberg, 2008.

[49] K. J. Ives. Rational Design of Filters. *Proceedings of the Institution of Civil Engineers*, 16(2):189–193, 1960.

[50] K. J. Ives (Editor). *The Scientific Basis of Filtration: proceedings of the NATO Advanced Study Institute held at Cambridge*. Noordhoff International Publishing, 1975.

[51] T. Iwasaki, J. J. Slade und W. E. Stanley. Some Notes on Sand Filtration. *American Water Works Association*, 29(10):1591–1602, 1937.

[52] M. Jenkinson. Fast, automated, N-dimensional phase-unwrapping algorithm. *Magnetic Resonance in Medicine*, 49(1):193–197, 2003.

[53] P. R. Johnson und M. Elimelech. Dynamics of Colloid Deposition in Porous Media: Blocking Based on Random Sequential Adsorption. *Langmuir*, 11(3):801–812, 1995.

[54] P. R. Johnson, N. Sun und M. Elimelech. Colloid Transport in Geochemically Heterogeneous Porous Media : Modeling and Measurements. *Environmental Science & Technology*, 30(11):3284–3293, 1996.

[55] W. P. Johnson, X. Li und G. Yal. Colloid retention in porous media: Mechanistic confirmation of wedging and retention in zones of flow stagnation. *Environmental Science and Technology*, 41(4):1279–1287, 2007.

[56] W. P. Johnson, E. Pazmino und H. Ma. Direct observations of colloid retention in granular media in the presence of energy barriers, and implications for inferred mechanisms from indirect observations. *Water Research*, 44(4):1158–1169, 2010.

[57] W. P. Johnson, M. Tong und X. Li. On colloid retention in saturated porous media in the presence of energy barriers: The failure of alpha, and opportunities to predict eta. *Water Resources Research*, 43(12):1–10, 2007.

[58] Keramische Schwammfilter. https://www.vesuvius.com/content/dam/vesuvius/corporate/Our-solutions/our-solutions-master-english/foundry/iron-foundry/filtration-gating-systems/brochures/SEDEX-e.pdf.downloadasset.pdf, aufgerufen am 12.07.2017.

[59] R. A. Ketcham und W. D. Carlson. Acquisition, optimization and interpretation of x-ray computed tomographic imagery: Applications to the geosciences. *Computers and Geosciences*, 27(4):381–400, 2001.

[60] R. Kretzschmar, K. Barmettler, D. Grolimund, Y.-d. Yan, M. Borkovec und H. Sticher. Experimental determination of colloid deposition rates and collision efficiencies in natural porous media. *Water Resources Research*, 33(5):1129–1137, 1997.

[61] R. Kretzschmar, M. Borkovec, D. Grolimund und M. Elimelech. Mobile Subsurface Colloids and Their Role in Contaminant Transport. In *Advances in agronomy*, volume 66, Seiten 121–193. Elsevier, 1999.

[62] Kunststfoff-Schwammfilter. https://www.juwel-aquarium.de/Produkte/Filterung/Filtermedien/bioPlus-coarse/, aufgerufen am 12.07.2017.

[63] L. Landini, V. Positano und M. F. Santarelli (Editoren). *Advanced Image Processing in Magnetic Resonance Imaging*. Taylor & Francis, 2005.

[64] P. C. Lauterbur. Image formation by induced local interactions: examples employing nuclear magnetic resonance. *Nature*, 242(5394):190–191, 1973.

[65] X. Li, Z. Li und D. Zhang. Role of low flow and backward flow zones on colloid transport in pore structures derived from real porous media. *Environmental Science & Technology*, 44(13):4936–4942, 2010.

[66] X. Li, C.-L. Lin, J. D. Miller und W. P. Johnson. Pore-scale Observation of Microsphere Deposition at Grain-to-Grain Contacts over Assemblage-scale Porous Media Domains Using X-ray Microtomography. *Environmental Science & Technology*, 40(12):3762–3768, 2006.

[67] X. Li, C.-L. Lin, J. D. Miller und W. P. Johnson. Role of Grain-to-Grain Contacts on Profiles of Retained Colloids in Porous Media in the Presence of an Energy Barrier to Deposition. *Environmental Science & Technology*, 40(12):3769–3774, 2006.

[68] Z. Li, D. Zhang und X. Li. Tracking colloid transport in porous media using discrete flow fields and sensitivity of simulated colloid deposition to space discretization. *Environmental Science and Technology*, 44(4):1274–1280, 2010.

[69] Z. Li, D. Zhang und X. Li. Tracking colloid transport in real pore structures: Comparisons with correlation equations and experimental observations. *Water Resources Research*, 48(5):1–11, 2012.

[70] W. Long und M. Hilpert. A correlation for the collector efficiency of Brownian particles in clean-bed filtration in sphere packings by a Lattice-Boltzmann method. *Environmental Science and Technology*, 43(12):4419–4424, 2009.

[71] W. Long, H. Huang, J. Serlemitsos, E. Liu, A. H. Reed und M. Hilpert. Pore-scale study of the collector efficiency of nanoparticles in packings of nonspherical collectors. *Colloids and Surfaces A: Physicochemical and Engineering Aspects*, 358(1):163–171, 2010.

[72] K. Luckert (Editor). *Handbuch der mechanischen Fest-Flüssig-Trennung*. Vulkan Verlag GmbH, 2004.

[73] H. Ma, M. Hradisky und W. P. Johnson. Extending applicability of correlation equations to predict colloidal retention in porous media at low fluid velocity. *Environmental Science and Technology*, 47(5):2272–2278, 2013.

[74] H. Ma und W. P. Johnson. Colloid retention in porous media of various porosities: Predictions by the hemispheres-in-cell model. *Langmuir*, 26(3):1680–1687, 2009.

[75] P. Mansfield und P. K. Grannell. „Diffraction" and microscopy in solids and liquids by NMR. *Physical Review B*, 12(9):3618–3634, 1975.

[76] D. C. Mays und J. R. Hunt. Hydrodynamic aspects of particle clogging in porous media. *Environmental Science and Technology*, 39(2):577–584, 2005.

[77] J. F. McCarthy und L. D. McKay. Colloid Transport in the Subsurface: Past, Present, and Future Challenges. *Vadose Zone Journal*, 3(2):326–337, 2004.

[78] L. M. McDowell-Boyer, J. R. Hunt und N. Sitar. Particle Transport Through Porous Media. *Water Resources Research*, 22(13):1901–1921, 1986.

[79] D. W. McRobbie, E. A. Moore, M. J. Graves und M. R. Prince. *MRI From Picture to Proton*. Cambridge University Press, Cambridge, 2. Auflage, 2007.

[80] Microsphere Technology Ltd. http://microspheretechnology.com/microsphere/products/conductospheres/, aufgerufen am 09.07.2017.

[81] J. Moghadasi, H. Müller-Steinhagen, M. Jamialahmadi und A. Sharif. Theoretical and experimental study of particle movement and deposition in porous media during water injection. *Journal of Petroleum Science and Engineering*, 43(3-4):163–181, 2004.

[82] I. L. Molnar, J. I. Gerhard, C. S. Willson und D. M. O'Carroll. The impact of immobile zones on the transport and retention of nanoparticles in porous media. *Water Resources Research*, 51(11):8973–8994, 2015.

[83] I. L. Molnar, W. P. Johnson, J. I. Gerhard, C. S. Willson und D. M. O'Carroll. Predicting colloid transport through saturated porousmedia: A critical review. *Water Resources Research*, 2(7):6804–6845, 2015.

[84] P. R. Moran. A flow velocity zeugmatographic interlace for NMR imaging in humans. *Magnetic resonance imaging*, 1(4):197–203, 1982.

[85] P. R. Moran, R. A. Moran und N. Karstaedt. Verification and evaluation of internal flow and motion. True magnetic resonance imaging by the phase gradient modulation method. *Radiology*, 154(2):433–441, 1985.

[86] MRT Onlinekurs. https://www.imaios.com/de/e-Kurs/e-MRI/, aufgerufen am 16.06.2017.

[87] A. Nakamura und K. Aizawa. On the Recognition of Properties of Three-Dimensional Pictures. *IEEE Transactions on Pattern Analysis and Machine Intelligence*, PAMI-7(6):708–713, 1985.

[88] K. Nandy, P. R. Gudla, K. J. Meaburn, T. Misteli und S. J. Lockett. Automatic Nuclei Segmentation And Spatial FISH Analysis For Cancer Detection. In *2009 Annual International Conference of the IEEE Engineering in Medicine and Biology Society*, Seiten 6718–6721. Institute of Electrical and Electronics Engineers IEEE, 2009.

[89] ParaView. https://www.paraview.org, aufgerufen am 12.06.2017.

[90] M. Pfützner. Influence of airbubbles on the filtration efficiency of packed bed filters. Großer Beleg, 2015.

[91] A. E. T. O. Pieces. https://www.americanelements.com/tin-iv-oxide-pieces-18282-10-5.

[92] D. Purchas und K. Sutherland (Editoren). *Handbook of filter media*. Elsevier, 2002.

[93] J. Radon. Über die Bestimmung von Funktionen durch ihre Integralwerte längs gewisser Mannigfaltigkeiten; Bericht über die Verhandlung der königlich sächsischen Akademie der Wissenschaften zu Leipzig. *mathematisch-physikalische Klasse*, 69:262–277, 1917.

[94] H. Rahn. *Semi-quantitative röntgentomographische Untersuchungen zur Biodistribution von magnetischen Nanopartikeln in biologischem Gewebe*. Doktorarbeit, Technische Universität Dresden, 2011.

[95] H. Rahn, C. Alexiou, L. Trahms und S. Odenbach. 3-Dimensional quantitative detection of nanoparticle content in biological tissue samples after local cancer treatment. *Journal of Magnetism and Magnetic Materials*, 360:92–97, 2014.

[96] N. Riefler, M. Heiland, A. Waske, N. R??biger, S. Odenbach und U. Fritsching. Particle deposition and detachment in capillary sphere packings. *Chemical Engineering Journal*, 174(1):93–101, 2011.

[97] A. Rosenfeld. Three-Dimensional Digital Topology. *Information and Control*, 50(2):119–127, 1981.

[98] M. Sartor. *Untersuchungen zum Einfluss elektrokinetischer Repulsationseffekte auf die Tiefenfiltration mit partikulären Schüttbetten*. Doktorarbeit, Universität des Saarlandes, 2006.

[99] M. A. Schofield und Y. Zhu. Fast phase unwrapping algorithm for interferometric applications. *Optics Letters*, 28(14):1194, 2003.

[100] H. Schubert. *Mechanische Verfahrenstechnik*. Deutscher Verlag für Grundstoffindustrie, Leipzig, 1990.

[101] T. K. Sen und K. C. Khilar. Review on subsurface colloids and colloid-associated contaminant transport in saturated porous media. *Advances in Colloid and Interface Science*, 119(2-3):71–96, 2006.

[102] H. Sigloch. *Technische Fluidmechanik*. Springer Berlin Heidelberg New York, Düsseldorf, 6. Auflage, 2009.

[103] M. Stieß. *Mechanische Verfahrenstechnik 2*. Springer-Verlag Berlin Heidelberg, 1994.

[104] M. Tong und W. P. Johnson. Colloid population heterogeneity drives hyperexponential deviation from classic filtration theory. *Environmental Science and Technology*, 41(2):493–499, 2007.

[105] N. Tufenkji und M. Elimelech. Deviation from the Classical Colloid Filtration Theory in the Presence of Repulsive DLVO Interactions. *Langmuir*, 20(25):10818–10828, 2004.

[106] VDI-GVC. Druckverlust in Leitungen mit Querschnittsänderungen. In *VDI-Wärmeatlas*, Seite Lac 2. 10. Auflage, 2006.

[107] E. J. W. Verwey und J. T. G. Overbeek. Theory of Stability of Lyophobic Colloids, 1948.

[108] VGStudio Max. https://www.volumegraphics.com/de/produkte/vgstudio-max.html, aufgerufen am 12.06.2017.

[109] A. Waske. *Kolloidabscheidungen im Tiefenfilter Untersuchungen mit Röntgentomographie*. Doktorarbeit, TU Dresden, 2011.

[110] A. Waske, M. Heiland und S. Odenbach. Local position of colloid clusters in a packed bed of spheres. *Chemical Engineering Science*, 76:192–198, 2012.

[111] A. Waske, M. Heiland, S. Weise, F. Beckmann und S. Odenbach. Absorption edge X-ray tomography for the analysis of particle deposition in packed bed filters. *AIP Conference Proceedings*, 1254(1):187–192, 2010.

[112] D. Weishaupt, V. D. Köchli und B. Marincek. *How Does MRI Work?* Springer-Verlag, Berlin Heidelberg, 2. Auflage, 2006.

[113] S. Xu, B. Gao und J. E. Saiers. Straining of colloidal particles in saturated porous media. *Water Resources Research*, 42(12):1–10, 2006.

[114] K.-M. Yao, M. T. Habibian und C. R. O'Melia. Water and Waste Water Filtration: Concepts and Applications. *Environmental Science & Technology*, 5(11):1105–1112, 1971.

[115] J. S. Yoon, J. T. Germaine und P. J. Culligan. Visualization of particle behavior within a porous medium: Mechanisms for particle filtration and retardation during downward transport. *Water Resources Research*, 42(6):1–16, 2006.

[116] H. Yu, K. Y. Yoon, B. M. Neilson, H. G. Bagaria, A. J. Worthen, J. H. Lee, V. Cheng, C. W. Bielawski, K. P. Johnston, S. L. Bryant und C. Huh. Transport and retention of aqueous dispersions of superparamagnetic nanoparticles in sandstone. *Journal of Petroleum Science and Engineering*, 116:15–123, 2014.

Abbildungsverzeichnis

Tabellenverzeichnis

Anhang

A Berechnungsvorschriften

A.1 Partikelkonzentration/Tiefenfiltration

Rechengang für die Ermittlung der Konzentration abgelagerter Partikel $c_p(z,t)$ aus Kapitel 2.1.2.
Eine Massestrombilanz von Partikeln an einem Volumenelement der Höhe Δz und Querschnittfläche A ergibt

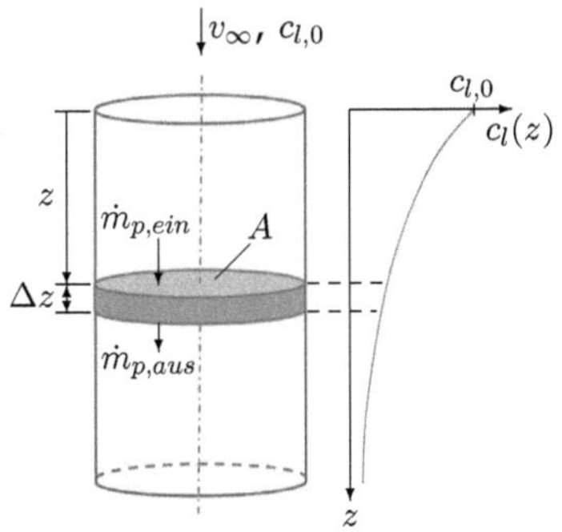

$$\dot{m}_{p,ein} = \dot{m}_{p,aus} + \frac{\partial m_p}{\partial t}\ , \text{ mit}$$

$$\dot{m}_{p,ein} = \rho_p \cdot \dot{V}_{p,ein} = \rho_p \cdot A\,\varepsilon\, v \cdot c_l(z)$$

$$\dot{m}_{p,aus} = \rho_p \cdot \dot{V}_{p,aus} = \rho_p \cdot A\,\varepsilon\, v \cdot c_l(z+\Delta z)$$

$$\frac{\partial m_p}{\partial t} = \rho_p \cdot \frac{\partial V_p}{\partial t} = \rho_p \cdot \frac{\partial c_p}{\partial t} \cdot \Delta z\, A\ ,$$

Abb. A.1: Filtergeometrie.

mit dem eingehenden $\dot{m}_{p,ein}$ und ausgehenden Partikelmassestrom $\dot{m}_{p,aus}$ (bzw. Volumenstrom $\dot{V}_{p,ein}$ und $\dot{V}_{p,aus}$) sowie der im Volumenelement abgelagerten Partikelmasse m_p (bzw. Volumen V_p).

$$\varepsilon \cdot v \cdot [c_l(z) - c_l(z+\Delta z)] = \frac{\partial c_p}{\partial t} \cdot \Delta z$$

$$\int_{c_p(z,t=0)=0}^{c_p(z,t)} \partial c_p = \varepsilon \cdot v \cdot [c_l(z) - c_l(z+\Delta z)] \cdot \frac{1}{\Delta z} \cdot \int_0^t \partial t$$

$$c_p = \varepsilon \cdot v \cdot c_{l,0} \cdot \left[\exp\left(-\frac{z}{v/k_f}\right) - \exp\left(-\frac{z+\Delta z}{v/k_f}\right)\right] \cdot \frac{t}{\Delta z}$$

Für $c_l(z)$ siehe Gleichung (2.13). Es ist ersichtlich, dass eine Grenzwertbetrachtung erfolgen muss, da $\lim\limits_{\Delta z\to 0} c_p = \frac{0}{0}$ (Anwendung der Regel von l'Hospital).

$$\lim_{\Delta z\to 0} c_p = \varepsilon\cdot v\cdot c_{l,0}\cdot t\cdot \lim_{\Delta z\to 0}\frac{-\exp\left(-\frac{z+\Delta z}{v/k_f}\right)+\exp\left(-\frac{z}{v/k_f}\right)}{\Delta z}$$

$$\lim_{\Delta z\to 0} c_p = \varepsilon\cdot v\cdot c_{l,0}\cdot t\cdot \lim_{\Delta z\to 0}\frac{k_f/v\cdot\exp\left(-\frac{z+\Delta z}{v/k_f}\right)}{1} = k_f\cdot\exp\left(-\frac{z}{k_f/v}\right)\varepsilon\cdot c_{l,0}\cdot t$$

Woraus schließlich folgt

$$c_p(z,t) = \varepsilon\cdot k_f\cdot c_{l,0}\cdot t\cdot\exp\left(-\frac{z}{k_f/v}\right) = c_l(z)\cdot\varepsilon\cdot k_f\cdot t\ .$$

A.2 Ungefilterte Rückprojektion eines Punktes

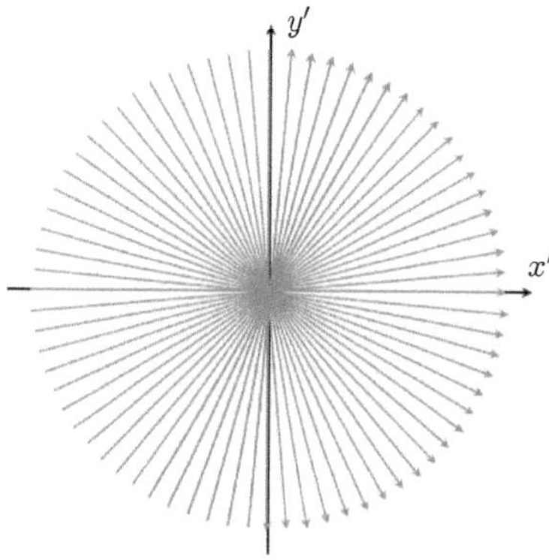

Abb. A.2: Rückprojektion der Projektionen der δ-Funktion.

$$\begin{aligned}I_\delta(x',y') &= \mathcal{R}_2^{-1}\{\mathcal{R}_2\{\delta(x',y')\}\}\\ &= \mathcal{R}_2^{-1}\{p_\delta(x,\varphi)\}\\ &= \int_0^\pi p_\delta(x,\varphi)\,d\varphi = \int_0^\pi \delta(x)\,d\varphi\\ &= \int_0^\pi\int_{-\infty}^{+\infty}\delta(x-x'\cdot\cos(\varphi)-\ldots\\ &\qquad\ldots y'\cdot\sin(\varphi))\,\delta(x)\,dx\,d\varphi\\ &= \frac{1}{|(x',y')|} = \frac{1}{|r|}\end{aligned}$$

$$\begin{aligned}I_\delta(x',y') &= \delta(x',y') * h(x',y')\\ &= \delta(x',y') * \frac{1}{|r|}\end{aligned}$$

A.3 Fourier-Slice-Theorem

Zunächst einmal kann mit Hilfe der Drehmatrix ein Zusammenhang zwischen festem und gedrehtem Koordinatensystem hergestellt werden.

$$\begin{pmatrix}x\\y\end{pmatrix} = \begin{pmatrix}\cos(\varphi) & \sin(\varphi)\\ -\sin(\varphi) & \cos(\varphi)\end{pmatrix}\begin{pmatrix}x'\\y'\end{pmatrix} \qquad (A.1)$$

Mit der Drehmatrix kann die Gleichung (2.20) so umgeschrieben werden, dass die gesuchte Größe $\mu(x', y')$ enthalten ist. Hierzu bedient man sich der δ-Funktion, bzw. Stoßfunktion, um die Integration entlang eines Strahlwegs analytisch zu lösen. Als Argument verwendet man die erste Zeile aus Gleichung (A.1) in der Schreibweise der Hesseschen Normalform ($0 = x - x' \cdot \cos(\varphi) - y' \cdot \sin(\varphi)$). Ist das Argument null so befindet man sich auf einem Strahl, welcher durch die Position x parametrisiert ist. Funktionswerte von Gebieten jenseits des Strahls sind aufgrund der δ-Funktion gleich null. Gleichung (2.20) wird somit umgeschrieben zu

$$p(x, \varphi) = \int_{-\infty}^{+\infty} \int_{-\infty}^{+\infty} \delta(x - x' \cdot \cos(\varphi) - y' \cdot \sin(\varphi))\, \mu(x', y')\, dx'\, dy' \equiv \mathcal{R}_2\{\mu(x', y')\} \ .$$

Im Unterschied zu Gleichung (2.20) ist jetzt die gesuchte Größe $\mu(x', y')$ enthalten. Diese kann explizit erhalten werden, indem die gefilterte Rückprojektion angewendet wird. Diese basiert auf dem Fourier-Slice-Theorem, also Gleichung (2.24), und soll hier überprüft werden: $M(k_{x'}, k_{y'}) \equiv P_\varphi(k_x)$. Die Fouriertransformierte der Ausgangsfunktion $\mu(x', y')$ wird folgendermaßen berechnet

$$M(k_{x'}, k_{y'}) = \int_{-\infty}^{+\infty} \int_{-\infty}^{+\infty} \mu(x', y') \cdot e^{-2\pi i (x' k_{x'} + y' k_{y'})} dx'\, dy' \ .$$

Die Umrechnung der kartesischen Koordinaten $k_{x'}$, $k_{y'}$ in polare Koordinaten k_x, φ wird folgendermaßen durchgeführt

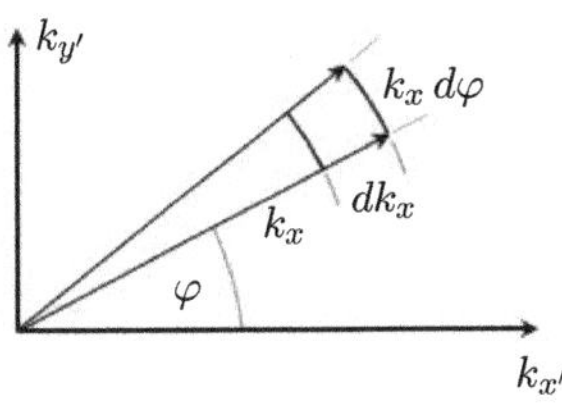

$$k_{x'} = k_x \cdot \cos(\varphi) \tag{A.2}$$

$$k_{y'} = k_x \cdot \sin(\varphi) \tag{A.3}$$

$$dk_{x'}\, dk_{y'} = \frac{\partial(k_{x'}, k_{y'})}{\partial(k_x, \varphi)}\, dk_x\, d\varphi = k_x\, dk_x\, d\varphi \ , \tag{A.4}$$

wobei in Gleichung (A.4) die Funktionaldeterminante ($= k_x$) bestimmt wird. Unter Anwendung dieser Gleichungen sowie Gleichung (A.1) schreibt man auch

$$M(k_{x'}, k_{y'}) = \int_{-\infty}^{+\infty} \int_{-\infty}^{+\infty} \mu(x', y') \cdot e^{-2\pi i x k_x} dx'\, dy' \ .$$

Für die Fouriertransformierte einer Projektion $p_\varphi(x)$ gilt (siehe auch Gleichung (2.22))

$$P_\varphi(k_x) = \int_{-\infty}^{+\infty} p_\varphi(x) \cdot e^{-2\pi i x k_x} dx \ .$$

Setzt man hier nun Gleichung (2.20) ein und erweitert die Integrationsgrenzen von $(0, L)$ auf $(-\infty, +\infty)$, so ergibt sich

$$\begin{aligned} P_\varphi(k_x) &= \int_{-\infty}^{+\infty} \int_0^L \mu(x,y)\, dy \cdot e^{-2\pi i x k_x} dx \\ &= \int_{-\infty}^{+\infty} \int_{-\infty}^{+\infty} \mu(x,y) \cdot e^{-2\pi i x k_x} dx\, dy \ . \end{aligned}$$

In Koordinaten des ruhenden System (x', y') ausgedrückt, wird $dx\, dy$ zu $dx'\, dy'$ während für die Funktion $\mu(x,y) = \mu(x(x',y'), y(x',y')) = \mu(x',y')$ gilt. Somit ergibt sich schließlich die zentrale Aussage des *Fourier-Slice-Theorems*

$$P_\varphi(k_x) = \int_{-\infty}^{+\infty} \int_{-\infty}^{+\infty} \mu(x',y') \cdot e^{-2\pi i x k_x} dx'\, dy' \tag{A.5}$$

$$M(k_{x'}, k_{y'}) \equiv P_\varphi(k_x) \ . \tag{A.6}$$

Nun lässt sich Gleichung (2.23) mit polaren Koordinaten ausdrücken

$$\mu(x',y') = \int_0^{2\pi} \int_0^{+\infty} M(k_x \cdot \cos(\varphi), k_x \cdot \sin(\varphi))\, e^{2\pi i k_x (\cos(\varphi)\cdot x' + \sin(\varphi)\cdot y')}\, k_x\, dk_x\, d\varphi \ .$$

Nach einer Vereinfachung bezüglich der Integrationsgrenzen und unter Berücksichtigung der Gleichung (A.1), (A.2), (A.3) und (A.6) kann geschrieben werden

$$\begin{aligned} \mu(x',y') &= \int_0^{\pi} \int_{-\infty}^{+\infty} M(k_x \cdot \cos(\varphi), k_x \cdot \sin(\varphi))\, e^{2\pi i k_x (\cos(\varphi)\cdot x' + \sin(\varphi)\cdot y')}\, |k_x|\, dk_x\, d\varphi \\ &= \int_0^{\pi} \int_{-\infty}^{+\infty} P_\varphi(k_x)\, e^{2\pi i k_x x}\, |k_x|\, dk_x\, d\varphi \ . \end{aligned}$$

A.4 Strömungsprofil im Rohr

Das Geschwindigkeitsprofil $v = f(r)$ einer laminaren Flüssigkeitsströmung in einer Zylinder-/Rohrdurchströmung kann analytisch hergeleitet werden. Aus einem Kräftegleichgewicht in axialer Richtung (Strömungsrichtung) an einem konzentrischen Kontrollvolumen nach [102] mit Radius $0 < r < R$ und Länge L ergibt sich bei stationärer Strömung ($\sum F = 0$)

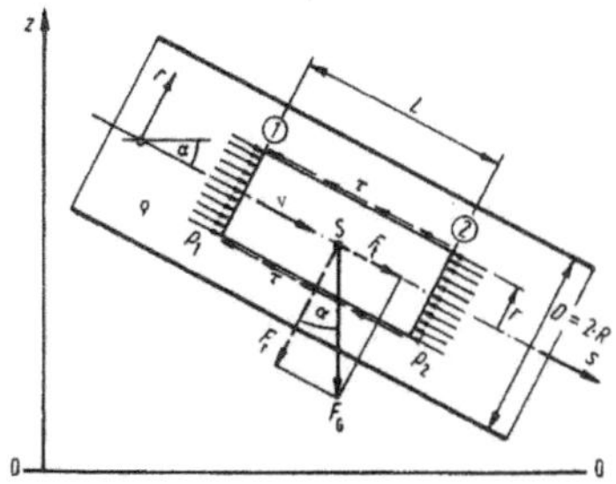

$$0 = F_t - F_W + F_{p,1} - F_{p,2}\ , \text{ mit}$$
$$F_t = F_G \cdot \sin\alpha = \rho\, g \cdot \pi\, r^2\, L \sin\alpha$$
$$F_W = -\eta \cdot \frac{dv}{dr} \cdot 2\, r\, \pi\, L$$
$$F_{p,1} - F_{p,2} = \pi\, r^2\, (p_1 - p_2)\ .$$

Hierbei ist F_t die Komponente der Gewichtskraft in axialer Richtung, F_W die Widerstandskraft infolge Fluidreibung und F_p ist eine Druckkraft, welche auf die Grenzen des Kontrollvolumens wirkt. Nach einiger Vereinfachung ergibt sich

$$0 = 2\,\nu\,\frac{dv}{dr} + r\ \underbrace{g\left[\sin\alpha + \frac{p_1 - p_2}{L\,\rho\, g}\right]}_{E_{V,12}/L}\ ,$$

wobei der zweite Term auf der rechten Seite auch mit dem spezifischen Energieverlust $E_{V,12}$ ausgedrückt werden kann. Mit der Methode der Trennung der Variablen sowie der Haftbedingung als Randbedingung erhält man das Geschwindigkeitsprofil $v(r)$ einer laminaren Rohrströmung

$$v(r) = \frac{1}{4\,\nu}\,\frac{E_{V,12}}{L}\,(R^2 - r^2)\ .$$

Da der spezifische Energieverlust nicht vom Radius abhängt, hat auch das Geschwindigkeitsprofil bei unterschiedlichen Winkeln α zur Schwerkraftrichtung immer die gleiche Ausprägung. Ist $E_{V,12}$ konstant (bei vorgegebenem Volumenstrom z.B.), so entstehen bei unterschiedlichem α hier lediglich unterschiedliche Druckverluste $\Delta p_{V,12} = p_1 - p_2$.

A.5 Analytische Modelle zur Bestimmung der Filtereffizienz aus [83]

Table A1. Overview of the Geometries and Equations Governing Selected Mechanistic Happel Sphere Models

Model Name	*Rajagopalan and Tien [1976]*	*Tufenkji and Elimelech [2004]*	*Nelson and Ginn [2011]*
Model type	Lagrangian[a]	Eulerian	Lagrangian
Model Geometry[f]		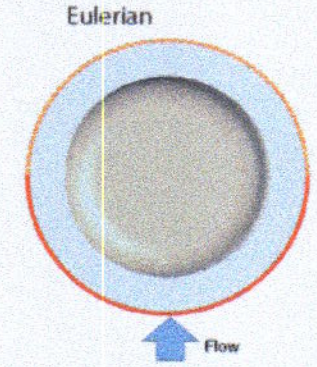	
Particle boundary conditions		Entry boundary(Lagrangian only)[e] Constant concentration (C = C_o) (Eulerian only) Free exit boundary (Lagrangian only)  Constant Concentration (C = C_o) (Eulerian only) Perfect sink (C = 0)	
Fluid flow equation		Stokes (creeping) flow[b]: $\nabla p = \mu \nabla^2 v$ Continuity: $\nabla v = 0$	
Governing colloid transport equation[c]	$F_G + F_{LO} + F_{DL} + F_D + F_I = 0$ $t_G + t_{LO} + t_{DL} + t_D + t_I = 0$	$\nabla(uC) = \nabla(D_{BM}^{r} \cdot \nabla C) - \nabla\left(\frac{D_{BM}^{r} F}{k_B T}\right)C$	$m\frac{du}{dt} = F_H + F_e + F_B$
η correlation[d]	$\eta \approx \gamma^2[4A_s^{1/3}N_{Pe}^{-2/3} + A_s N_{LO}^{1/8} N_R^{15/8} +$ $0.00338 A_s N_G^{1.2} N_R^{-0.4}]$	$\eta \approx 2.4 A_s^{1/3} N_R^{-0.081} N_{Pe}^{-0.715} N_{vdW}^{0.052} +$ $0.55 A_s N_R^{1.675} N_A^{0.125} +$ $0.22 N_R^{-0.24} N_G^{1.11} N_{vdW}^{0.053}$	$\eta \approx \gamma^2[2.4 A_s^{\frac{1}{3}} \left(\frac{N_{Pe}}{N_{Pe}+16}\right)^{0.75} N_{Pe}^{-0.68} N_{LO}^{0.015} N_{Gi}^{0.8} +$ $A_s N_{LO}^{1/8} N_R^{15/8} + 0.7\left(\frac{N_{Gi}}{N_{Gi}+0.9}\right) N_G N_R^{-0.05}]$
Kinetic retention rate equation	$k = \frac{3}{2}\frac{(1-n)^{1/3}U}{d_c n}\eta\alpha$	$k = \frac{3}{2}\frac{(1-n)U}{d_c n}\eta\alpha$	$k = \frac{3}{2}\frac{(1-n)^{1/3}U}{d_c n}\eta\alpha$

[a] Rajagopalan and Tien [1976] only employed a Lagrangian model for colloid interception and sedimentation. An analytical solution (not shown here) was employed for diffusion.
[b] Assumes steady-state conditions (i.e., $\frac{\partial v}{\partial t} = 0$) and negligible external forces. Subject to boundary conditions outlined in each model.
[c] The force/torque equations for each model arc listed below in their respective tables.
[d] The η correlation equation originally presented in Rajagopalan and Tien [1976] is incorrect. Here we are presenting the Logan *et al.* [1995] corrected version.
[e] Trajectory simulations employ random starting locations at upstream (labelled 'injection') collector boundary.
[f] The illustrated models typically considered downwards flow (with gravity).

Table A2. Overview of the Geometries and Equations Governing Selected Mechanistic Non-Happel Sphere Models

Model Name	*Yao et al [1971]*	*Hemisphere-in-Cell [Ma et al., 2013]*[a]	*Long and Hilpert [2009]*
Model type	Eulerian	Lagrangian	Eulerian
Model Geometry[g]	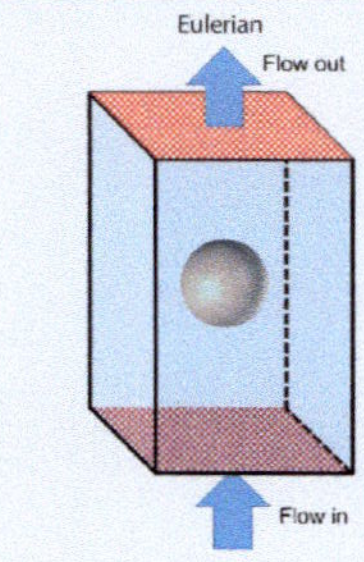 	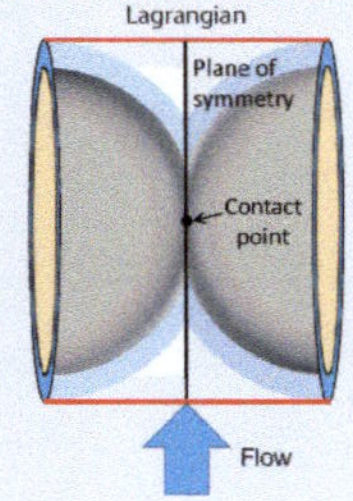 	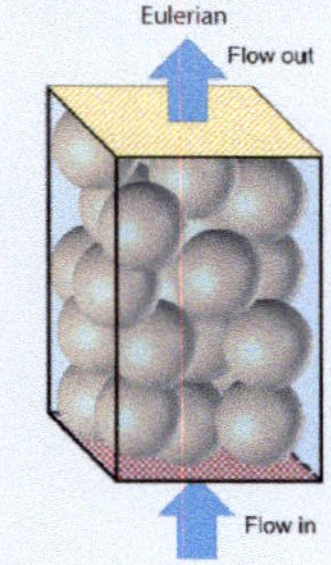
Particle boundary conditions	Constant concentration ($C = C_0$) Perfect sink ($C = 0$)	Injection boundary[f] Free exit boundary Perfect sink ($C = 0$) Perfect sink is replaced with surface friction in Ma *et al.* [2011]	$dC/dz=0$ Constant concentration ($C = C_0$) Perfect sink ($C = 0$)
Governing colloid transport equation[c]	$\frac{\partial C}{\partial t}+v\nabla C=D_{BM}\nabla^2 C+\left(1-\frac{\rho_f}{\rho_p}\right)\frac{mg}{3\pi\mu d_p}\frac{\partial C}{\partial Z}$	$(m+m^*)\frac{du}{dt}=F_D+F_G+F_L+F_{EDL}+F_{vdW}+F_B$	$\nabla(vC)=\nabla(D_{BM}\cdot\nabla C)-\nabla\left(\frac{D_{BM}\cdot F}{k_B T}\right)C$
η correlation[d]	$\eta\approx\frac{3}{2}\left(\frac{d_p}{d_c}\right)^2+\frac{(\rho_p-\rho_f)gd_p^2}{18\mu v}+0.9\left(\frac{k_B T}{\mu d_p d_c v}\right)$	$\eta\approx\gamma^2\left[\frac{8+4(1-\gamma)A_s^{1/3}N_{Pe}^{1/3}}{8+(1-\gamma)N_{Pe}^{0.97}}N_{LO}^{0.015}N_{Gi}^{0.8}N_R^{0.028}+A_sN_R^{15/8}N_{LO}^{1/8}+0.7N_R^{-0.05}N_G\frac{N_{Gi}}{N_{Gi}+0.9}\right]^e$	$\eta\approx(15.56\pm0.21)\frac{(1-n)^3}{n^2}N_{Pe}^{-0.65\pm0.023}N_R^{0.19\pm0.03}+0.55A_sN_R^{0.1675}N_A^{0.125}+0.22N_R^{-0.24}N_G^{1.11}N_{vdW}^{0.053}$
Kinetic retention rate equation	$k=\frac{3}{2}\frac{(1-n)U}{d_c n}\eta\alpha$	$k=\frac{3(1-n)}{2d_c}\eta v\left[\frac{3-n}{3-3n}-\frac{2(3-n)}{\pi(3-3n)}\cos^{-1}\left(\frac{3-3n}{3-n}\right)^{\frac{1}{2}}+\frac{2}{\pi}\sqrt{2\left(\frac{3-n}{3-3n}\right)^{0.5}-1}\right]$	$k=\frac{3}{2}\frac{(1-n)U}{d_c n}\eta\alpha$

[a]There are a number of iterations of the Hemisphere-in-Cell model [*Ma et al.*, 2009; *Ma and Johnson.*, 2010; *Ma et al.*, 2011; *Ma et al.*, 2013]. Here we are specifically presenting the η correlation for Ma *et al.* [2013]. Many of the model details relevant to these tables remain the same between the iterations and, unless noted otherwise, it is not necessary to differentiate between the specific iterations.

[b]Assumes steady-state conditions (i.e., $\frac{\partial v}{\partial t}=0$) and negligible external forces. Subject to boundary conditions outlined in each model.

[c]The force/torque equations for each model are listed below in their respective tables. Yao 1971 does not include forces or torques therefore none are reported here.

[d]Long and Hilpert [2009] adopts the governing equations (in addition to the force balance) from Elimelech [1994] but without van der Waals, anisotropic diffusion or lubrication. The reader is referred to the Tufenkji and Elimelech [2004] table below for further information on the Long and Hilpert [2009] force/torque balance.

[e]In regimes of either pure diffusion or sedimentation mass transfer use the asymptotes described in Ma *et al.* [2013].

[f]Trajectory simulations employ random starting locations at upstream (labelled 'injection') collector boundary.

[g]The illustrated models typically considered downwards flow (with gravity).

B Technische Zeichnungen

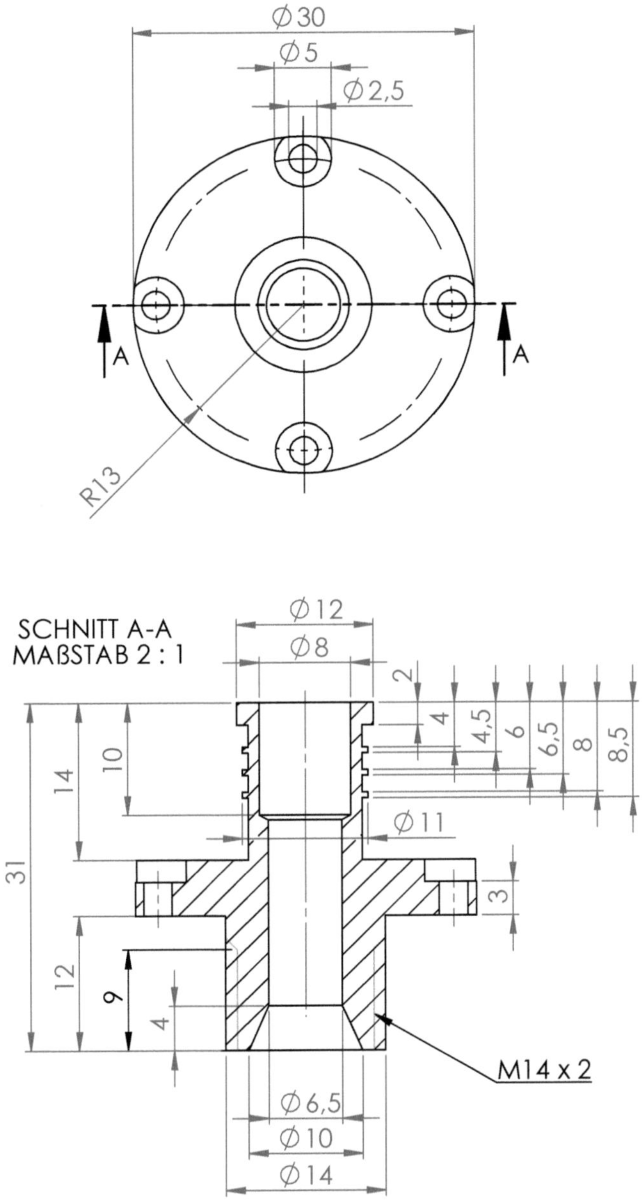

WENN NICHT ANDERS DEFINIERT: BEMASSUNGEN SIND IN MILLIMETER OBERFLÄCHENBESCHAFFENHEIT: TOLERANZEN: LINEAR: WINKEL:	OBERFLÄCHENGÜTE:	ENTGRATEN UND SCHARFE KANTEN BRECHEN	ZEICHNUNG NICHT SKALIEREN	ÄNDERUNG

	NAME	SIGNATUR	DATUM	
GEZEICHNET				
GEPRÜFT				
GENEHMIGT				
PRODUKTION				
QUALITÄT				

WERKSTOFF: **PTFE**

GEWICHT:

BENENNUNG:

ZEICHNUNGSNR. **Anschluss_unten_PTFE** A4

MASSSTAB:2:1 BLATT 1 VON 1

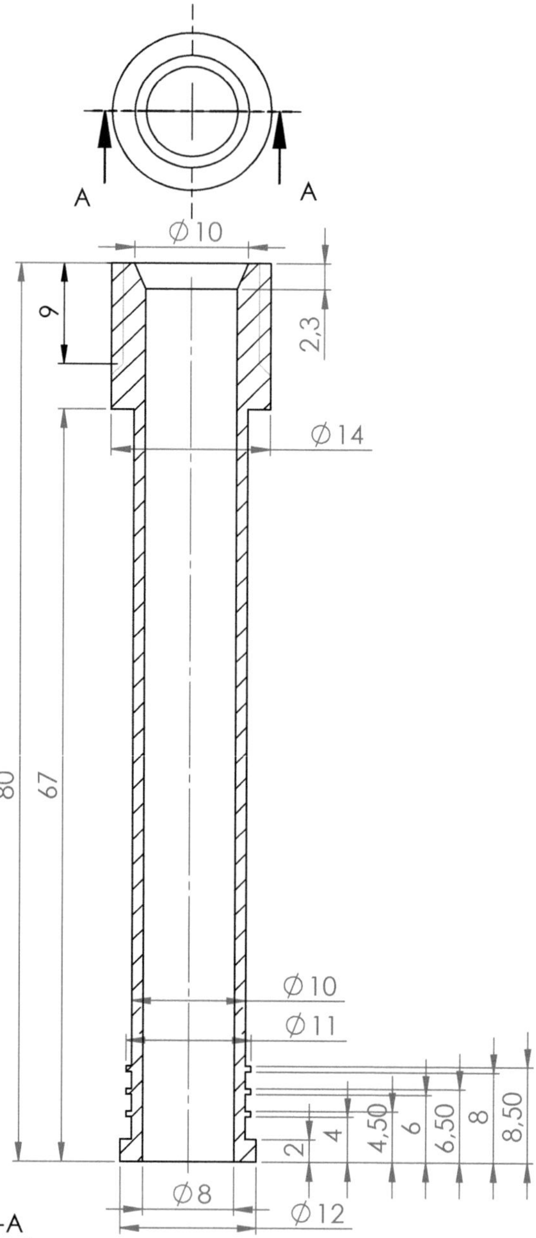

SCHNITT A-A
MAßSTAB 2 : 1

WENN NICHT ANDERS DEFINIERT: BEMASSUNGEN SIND IN MILLIMETER OBERFLÄCHENBESCHAFFENHEIT: TOLERANZEN: LINEAR: WINKEL:	OBERFLÄCHENGÜTE:	ENTGRATEN UND SCHARFE KANTEN BRECHEN	ZEICHNUNG NICHT SKALIEREN	ÄNDERUNG

	NAME	SIGNATUR	DATUM			
GEZEICHNET						
GEPRÜFT						
GENEHMIGT						
PRODUKTION						
QUALITÄT				WERKSTOFF:		
				GEWICHT:		

BENENNUNG:

Anschluss_oben_PTFE_grosse_Einlauflaenge

ZEICHNUNGSNR.

A4

MASSSTAB:2:1

BLATT 1 VON 1

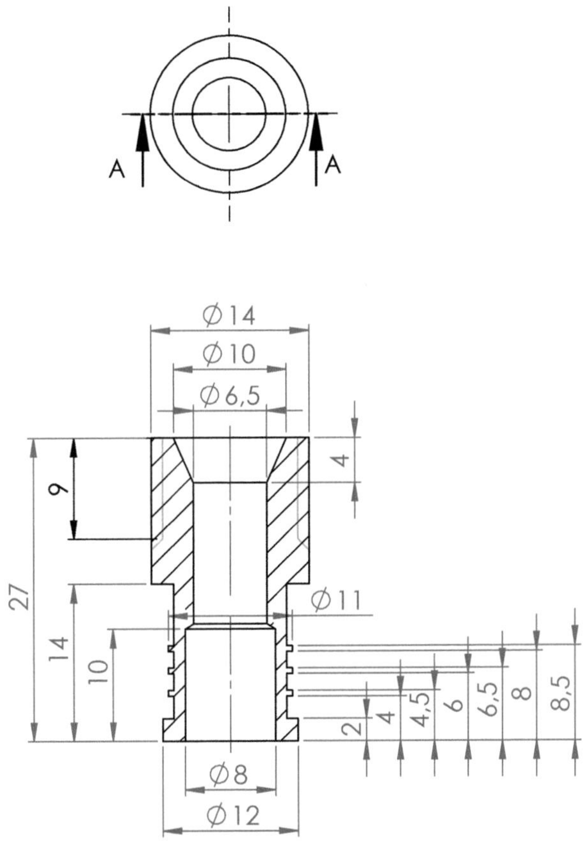

SCHNITT A-A

WENN NICHT ANDERS DEFINIERT:
BEMASSUNGEN SIND IN MILLIMETER
OBERFLÄCHENBESCHAFFENHEIT:
TOLERANZEN:
LINEAR:
WINKEL:

OBERFLÄCHENGÜTE:

ENTGRATEN UND SCHARFE KANTEN BRECHEN

ZEICHNUNG NICHT SKALIEREN

ÄNDERUNG

	NAME	SIGNATUR	DATUM
GEZEICHNET			
GEPRÜFT			
GENEHMIGT			
PRODUKTION			
QUALITÄT			

BENENNUNG:

WERKSTOFF:

PTFE

ZEICHNUNGSNR.

Anschluss_oben_PTFE

A4

GEWICHT:

MASSSTAB:2:1

BLATT 1 VON 1

C Zusätzliche Daten

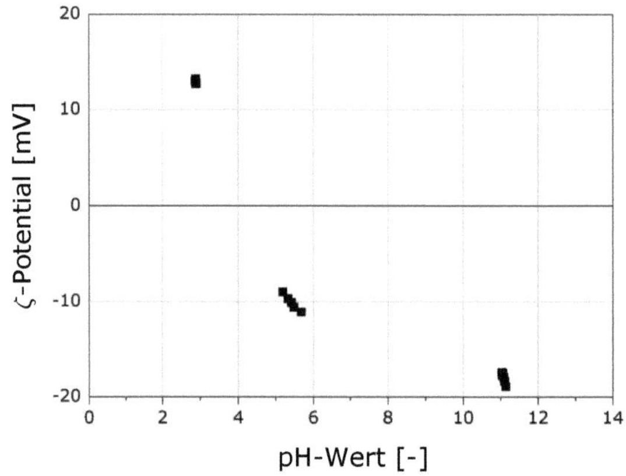

Abb. C.1: ζ-Potential der im Rahmen dieser Arbeit verwendeten Zinnaschepartikel. Messgerät: Dispersion Technology Zeta & Size 1200 (Dispersion Technology Inc., USA), Messung durchgeführt von der Advanced Ceramics Group, Universität Bremen.

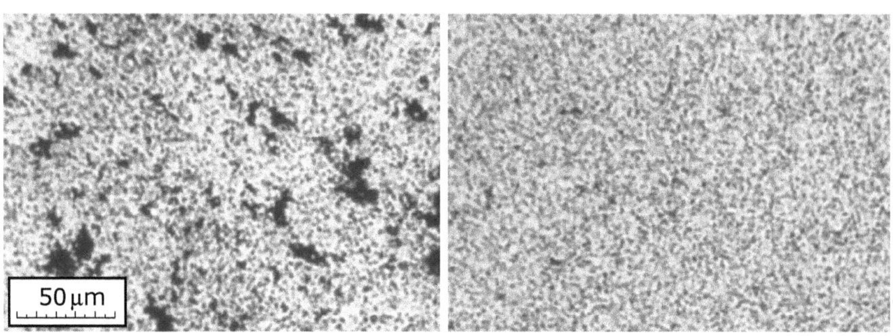

Abb. C.2: Lichtmikroskopische Aufnahme von in destilliertem Wasser suspendierten Zinnaschepartikeln vor (*links*) bzw. unmittelbar nach (*rechts*) einer Ultraschallbehandlung. Deutlich zu erkennen ist, dass nach der Ultraschallbehandlung keine größeren Agglomerate mehr vorhanden sind.

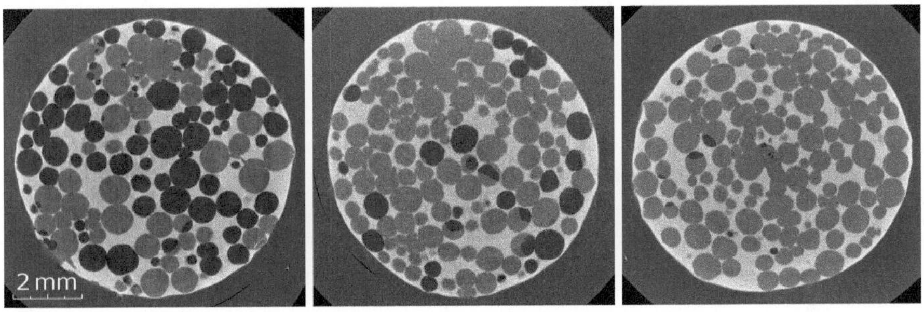

Abb. C.3: Vergleich verschiedener Vorbehandlungen keramischer Filter (hell) mit dem Ziel einer Sättigung mit destilliertem Wasser (grau). Je nach Vorbehandlung bleiben unterschiedliche Mengen Luft (dunkelgrau) im Filter. *Links*: Durchströmung mit destilliertem Wasser. *Mitte*: Durchströmung mit Isopropanol und destilliertem Wasser. *Rechts*: Durchströmung mit destilliertem Wasser und anschließender Evakuierung.

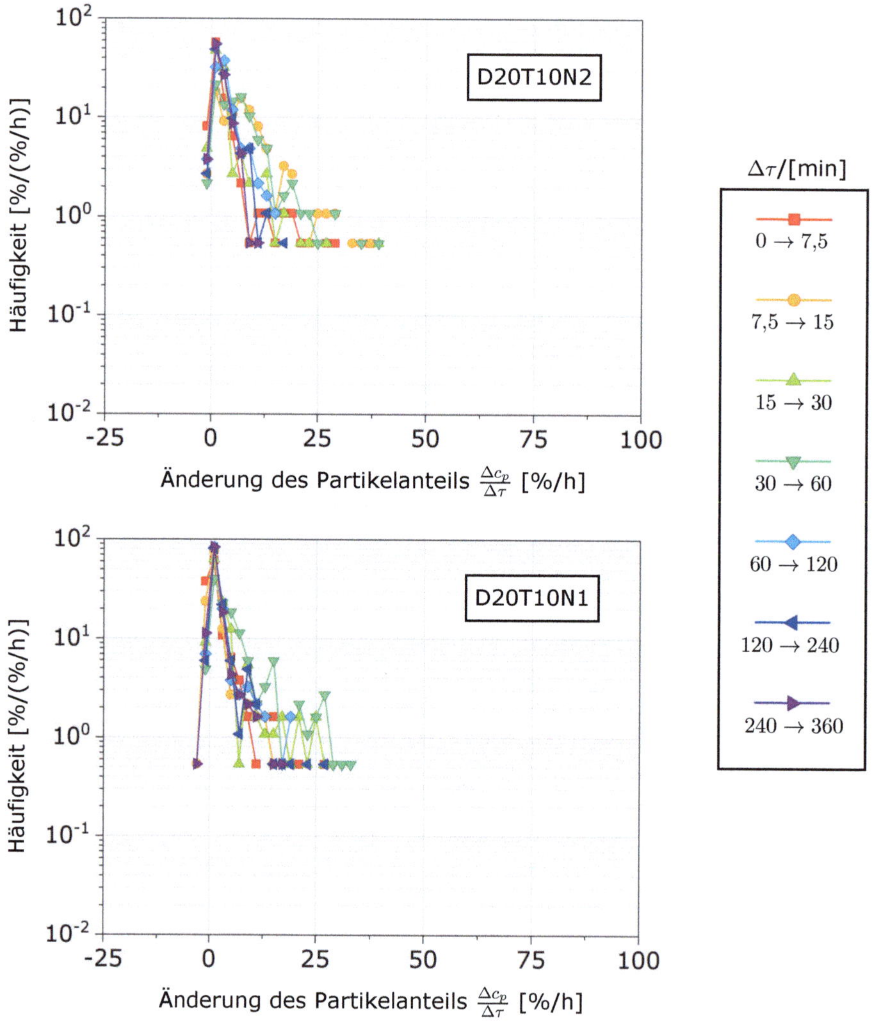

Abb. C.4: Die anzahlbezogene Häufigkeitsverteilung der Änderung des Partikelanteils je Pore und Stunde $\Delta c_p/\Delta\tau$ wird beispielhaft an den zwei Proben D20T10N1 (*oben*) und D20T10N2 (*unten*) mit $\bar{d}_{pore} \approx 2\,000\,\mu\text{m}$ dargestellt. Die zeitliche Änderung des Partikelanteils $\Delta c_p/\Delta\tau$ ist abhängig von der Filtrationszeit τ.